Prototyping Lab

第2版 | 「邊做邊學」，Arduino的運用實例

Make: PROJECTS

Prototyping Lab

第2版 | 「邊做邊學」，Arduino的運用實例　小林 茂 著　許郁文 譯

"Build to Think" with Arduino

A COOKBOOK TO LEARN WAYS OF TINKERING WITH PROGRAMMING & ELECTRONICS

令人期待已久的 Arduino實踐指南 最新**第2版**！

Make:

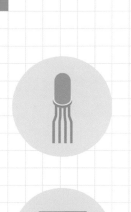

>> 35個立刻能派上用場的「線路圖+範例程式」，以及介紹了電子電路與Arduino的基礎

>> 第2版追加了透過Bluetooth LE進行無線傳輸以及與網路服務互動的章節，也新增了以Arduino與Raspberry Pi打造自律型二輪機器人的範例；最後還介紹許多以Arduino為雛型、打造各種原型的產品範例。

誠品、金石堂、博客來及各大書局均售

馥林文化　www.fullon.com.tw　f《馥林文化讀書俱樂部》🔍　定價：**680**元

CONTENTS

12

封面故事：
littleBits創辦人兼執行長艾雅‧貝蒂爾正用自家的客製化音效合成器套件即興演奏。littleBits還有多種能像這樣輕鬆組裝的電子套件。

攝影：馬克‧麥迪歐

8

42

48

38

62

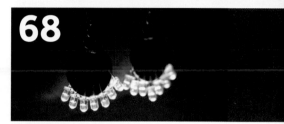
68

24

Mark Madeo, Scott Slagerman, Erin St. Blaine, Larry Cotton, Hep Svadja, Tucker Shannon, William Lambrecht

Make:®

國家圖書館出版品預行編目資料

Make：國際中文版／MAKER MEDIA 作；Madison 等譯
-- 初版 . -- 臺北市：泰電電業，2019.3　冊；公分
ISBN：978-986-405-063-5　（第 40 冊：平裝）
1. 生活科技
400　　　　　　　　　　　　　　　　　　107002234

EXECUTIVE
CHAIRMAN & CEO
Dale Dougherty
dale@makermedia.com

CFO & COO
Todd Sotkiewicz
todd@makermedia.com

EDITORIAL

EDITORIAL DIRECTOR
Roger Stewart
roger@makermedia.com

EXECUTIVE EDITOR
Mike Senese
mike@makermedia.com

SENIOR EDITORS
Keith Hammond
khammond@makermedia.com

Caleb Kraft
caleb@makermedia.com

EDITOR
Laurie Barton

PRODUCTION MANAGER
Craig Couden

BOOKS EDITOR
Patrick Di Justo

CONTRIBUTING EDITORS
William Gurstelle
Charles Platt
Matt Stultz

**DESIGN,
PHOTOGRAPHY
& VIDEO**

ART DIRECTOR
Juliann Brown

PHOTO EDITOR
Hep Svadja

SENIOR VIDEO PRODUCER
Tyler Winegarner

LAB INTERN
Holden Johnson

MAKEZINE.COM

ENGINEERING MANAGER
Jazmine Livingston

WEB/PRODUCT
DEVELOPMENT
Rio Roth-Barreiro
Maya Gorton
Pravisti Shrestha
Stephanie Stokes
Alicia Williams

Make：國際中文版40
（Make：Volume 65）

編者：MAKER MEDIA
總編輯：曹乙帆
主編：井楷涵
執行編輯：潘榮美
網站編輯：偕詩敏
版面構成：陳佩娟
行銷主任：莊澄蒹
行銷企劃：鄧語薇
出版：泰電電業股份有限公司
地址：臺北市中正區博愛路76號8樓
電話：（02）2381-1180
傳真：（02）2314-3621
劃撥帳號：1942-3543 泰電電業股份有限公司
網站：http://www.makezine.com.tw
總經銷：時報文化出版企業股份有限公司
電話：（02）2306-6842
地址：桃園縣龜山鄉萬壽路2段351號
印刷：時報文化出版企業股份有限公司
ISBN：978-986-405-063-5
2019年3月初版　定價260元

版權所有・翻印必究（Printed in Taiwan）
◎本書如有缺頁、破損、裝訂錯誤，請寄回本公司更換

商場結合 Makerspace，有何不可？

文：麥克・西尼斯　譯：編輯部

在本期雜誌中，我們的主題重點依舊以學習為主。而最近我在香港 Maker Faire 參觀到的教學場所是我從未想到的，偏偏它是如此顯而易見。

進入位於九龍的奧海城商場中，你會發現裡面進駐的店家和全世界的商場都大同小異。然而，搭乘手扶梯前往頂樓，映入眼簾的是一間 Makerspace，裡面擺著3D印表機、電子元件和焊接工具，甚至還有一臺具有完善過濾系統的雷射切割機。這間位於三樓的 Makerspace 名為 OC STEM Lab 創意工作室。空間的四周環繞著高聳的住宅大廈，緊鄰人來人往的地鐵站。這座工作室的目的就是要完全發揮上述的地理優勢，為這個力增科技業機會的地區提供實作學習，教育年輕世代。

OC STEM Lab 並非首座位於商場的 Makerspace，事實上在泰國和馬來西亞就已經有 Maker 結合兩者，華盛頓特區的 TechShop 亦是如此。但是將 Makerspace 整合至建築中，宛如成了商場不可或缺的元素，我覺得……太完美了。

我很樂見這種潮流持續下去：將活動空間設置在人潮洶湧的地方，提供各種科技工具體驗。這間 Makerspace 由贊助商資助，奧海城的行銷團隊則負責營運工作。他們以這間 OC STEM Lab 為榮，同時也為去年秋天成立以來的成果感到興奮不已。

國際中文版譯者

Hannah：自由譯者，覺得能透過翻譯搭起語言間的橋樑別具意義，喜愛學語言、文學、繪本、醫療及科普新知。

Madison：2010年開始兼職筆譯生涯，專長領域是自然、科普與行銷。

Skylar C：師大翻譯所口筆譯組研究生，現為自由譯者，相信文字的力量，認為譯者跟詩人一樣，都是「戴著腳鐐跳舞」，樂於泳渡語言的汪洋，享受推敲琢磨的樂趣。

屠建明：目前為全職譯者。身為愛丁堡大學的文學畢業生，深陷小說、戲劇的世界，但也曾主修電機，對任何科技新知都有濃烈的興趣。

張婉秦：蘇格蘭史崔克萊大學國際行銷碩士，輔大影像傳播系學士，一直在媒體與行銷界打滾，喜歡學語言，對新奇的東西毫無抵抗能力。

蔡牧言：對語言及音樂充滿熱情，是個注重運動和內在安穩的人，帶有根深蒂固的研究精神。目前主要做為譯者，同時抽空拓展投資操盤、心理諮商方面能力。

蔡宸紘：目前於政大哲學修行中。平日往返於工作、戲劇及一小撮的課業裡，熱衷奇異的搞笑拍子。

謝明珊：臺灣大學政治系國際關係組碩士。專職翻譯雜誌、電影、電視，並樂在其中，深信人就是要做自己喜歡的事。

讓太陽能板充飽飽
A Deep(er) Dive Into
Solar Power

譯：編輯部

Forrest M. Mims III

太陽能傳輸損耗

佛里斯特在文章（中文版36期74頁〈太陽能電池帶著走〉）中漏了一點。也就是將太陽能板依照圖示放在擋風玻璃後面，會讓充電效率降低50%以上。如果可以，不妨將太陽能板放在車頂上。你要讓板子和太陽的位置呈垂直角度，而且沒有玻璃阻隔。─巴瑞·克萊恩

佛里斯特·M·密馬斯三世

巴瑞對於擋風玻璃吸收太陽光的理論是對的。在一天當中，太陽高於地平線27°時，我會拿出小型的3V晶矽太陽能電池陣列，並以垂直太陽的角度放在我的福特F-150皮卡的擋風玻璃後面和兩側車窗。而擋風玻璃和車窗的太陽能板陣列的電流，分別有45.6%和48.5%的發電效率。

大多數晶矽太陽能電池的光譜回應，可在波長850～900nm的近紅外線中達到最高峰（不過有些電池在吸收可見光的效率最好，可以放在較透明的車窗內）。網路搜尋汽車玻璃的光譜回應也有相似的結論。但放置在某些汽車玻璃後的轉換效率只比近紅外線略高一些。

巴瑞的建議是將太陽能板放置在車頂。前提是太陽的位置夠高才會獲得最佳的吸收效率。而文章圖中置於擋風玻璃後面的太陽能板，比起放在車頂上，該位置反而與太陽更垂直。這個作法就可以彌補擋風玻璃造成的吸收能力不足。若是停車時將板子放在車頂，難免有失竊風險；而若是車子行進中，則需要更穩固的裝置來固定板子。

出於好奇，我在車窗進行能量轉換測試時也多加了紫外線輻射檢測工具。它是6.5紫外線輻射檢測儀，用來檢測那些會引起皮膚紅斑的UV波長（請見本期第64頁的〈DIY防曬感測器〉）。我將它放在擋風玻璃車窗後，並朝向太陽擺放。在這兩種情況下，UV指數都是0.0。我用能測量300、305、312nm UVB的Microtops II光度計，發現擋風玻璃沒有這些波長的訊號，而車窗則有波長300nm 16%穿透率，305和312nm則沒有。

你有話要說？

我們很樂意聽！歡迎將你的故事、照片、建議和專題傳送至
editor@makezine.com.tw

MADE ON EARTH

來自世界各地精采的DIY作品

譯：編輯部

復古車神

INSTAGRAM.COM/JIMMY.BUILT

吉姆·貝羅西克（Jim Belosic）的老爸是個車迷，就跟他老爸的老爸一樣。而他本人從小時候開始，到手的每輛遙控車無一不被他玩弄拆開。不難想像，他與他擁有的第一輛車：1981年的本田Honda Accord會有很深的感情，雖然這輛車僅僅六個月就不在他名下了。

自那時開始，貝羅西克就持續從事汽車相關工作。但是過去幾年，他開始感到厭倦了。「換個幾次引擎和零件就不好玩了，」他說道，「我開始尋找V8和內燃機引擎以外的可能。」以此為契機，他在2017年改變路線，從零開始自製了一具蒸汽引擎。他很喜歡學習新事物。「這件事完全滿足了我內在的Maker魂。」

出於懷舊之情，貝羅西克在2014年買了另一輛1981年Accord，在2017年末決定用它來製作別的專題。但是他其實還沒決定要做什麼。「我兒子現在8歲，很愛跟我一起敲敲打打，所以我開始思考以後要一起打造什麼樣的車，」他說道。「我相信未來會是電動車的時代，一想到可能兒子16歲的時候就要幫他一起搞他的電動車我就緊張。」於是他靈光一閃，決定要把這輛Accord改造成電動車，順便在改造過程學習新技能。

他選定了特斯拉Model S傳動系統和一輛雪佛蘭伏特的電池。雪佛蘭伏特用的電池比價格更高的特斯拉電池還來得「動力密集」，而且形狀大小剛好塞得進引擎室內。

貝羅西克和朋友麥克·馬修（Mike Mathews）全力以赴工作，花了兩個月製作出第一個能動的版本。馬修還把樹莓派儀表板的外表弄得像復古電動一樣。之後他們亦不斷修正改良。最後的成果「Teslonda」（特斯拉＋本田）總重接近2500磅，約為Model S的一半，經測試可於2.48秒內加速至時速60英里。這真是太瘋狂了。

——莎拉·維塔

Keiron Berndt

譯：編輯部

天衣無縫

SCOTTSLAGERMAN.COM

　　史考特‧史萊哲曼（Scott Slagerman）的「木與玻璃」（Wood and Glass）系列作品有種難以言喻的迷人之處。兩種媒材具有的流動感如魔法一般，而這大部份要歸功於史萊哲曼的藝術才華。他是受過傳統訓練的吹玻璃工匠，且一直很喜愛建材中的木樑，他希望能找到讓木樑與玻璃結合的方法。

　　根據史萊哲曼的說法，大部分製作功夫都花在固定兩種媒材、作畫，以及讓成品的樣貌付諸形貌。如此短短一言，道盡許多事，因為每件作品其實都經過多道耗時的工序。每次想出新的創作概念時，要先在木材上繪出輪廓然後刻出來，並且儘量順著原本的木紋。接著他會準備好木材，直接在木材中吹出玻璃的輪廓。當玻璃升到最佳溫度時，就把玻璃拿出，移到窯內冷卻。在置入木材之前，玻璃還要經過鑽石切割工具加工處理。最後再用砂紙打磨木材並塗上表層油。

　　史萊哲曼為了創作此專題嘗試了多種木材。一開始他使用建築用等級的木材和斐濟進口的雨樹（monkey pod，一種產於熱帶的硬木）。後來他開始和友人吉姆‧費許曼（Jim Fishman）一起嘗試多種不同來源和種類的木材。史萊哲曼最近也有新的結合木材與玻璃的驚人創作。不過談及此系列作品時，他說：「我只是繼續不斷創作新的作品，看看最遠能走到哪裡。」

——莎拉‧維塔

譯：編輯部

當數位遇上類比 LEXOPTICAL.COM

　　攝影師為了拍攝出經典的照片，經常用手動操作的復古鏡片搭配頂級的數位相機，並使用最先進的功能。來自德州的艾力克斯·吉依（Alex Gee）則翻轉這個概念，以底片相機搭配數位相機專用的 Sony E 接環（E-Mount）鏡片來攝影。他從2017年開始這個專題，利用 Arduino Pro Mini 和訂做的PCB，更改鏡片光圈的電子設定與一臺Sony A7相機的快門裝置。他製作了簡易的4鍵操作介面用來調整設定，可顯示於相機後方的小型螢幕，並啟動快門。吉依最初用Monoprice買來的3D印表機製作，改良之後，再以雷射燒結製作的零件與自己澆鑄的金屬元件組裝。最後他製作出一臺酷炫的復古相機，外型小巧簡單，不過旋進機身前側的鏡頭倒是很華麗。而且這是個開源專題，吉依在GitHub上分享了所有檔案。「我們的目標是打造可靠的專題跳板，讓人們可以從其上出發改良，不用擔心做了10個不同的原型才發現底片筒塞不進去這種問題。」他說，他期盼人們能共同研發改良。「我們的理想是使這個專題簡易到能讓中學生在電子實驗課上做出來。」

　　　　　　　　　　　　——麥克·西尼斯

LEX Optical

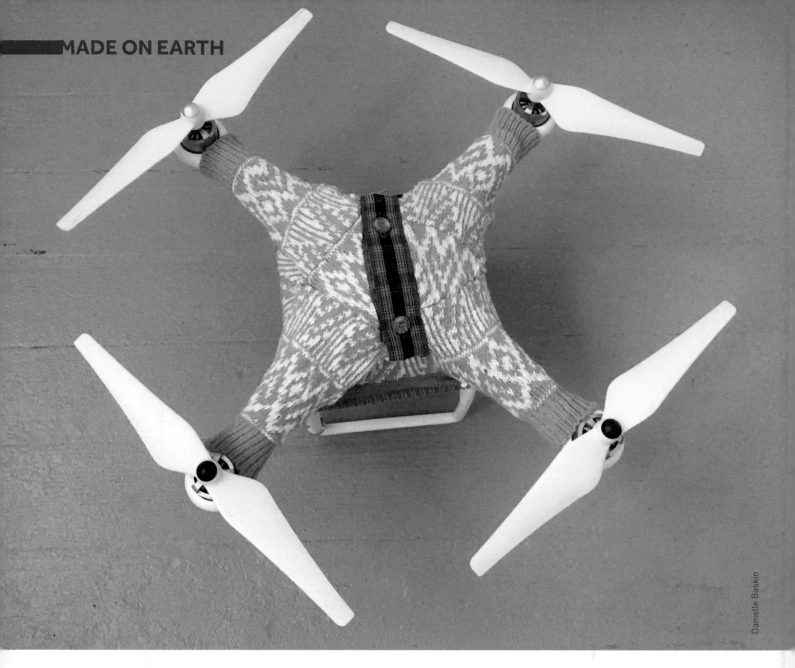

Danielle Baskin

無人機夯時尚

譯：編輯部
DRONESWEATERS.COM

　　想幫自製無人機穿毛衣？你在開玩笑嗎？自稱專業惡作劇行家的丹妮爾・貝斯金（Danielle Baskin）當初想到時真的只是開玩笑。當時朋友問她有沒有要為時裝週做作品，同時她聯想到當紅的無人機科技，於是這個幫無人機穿毛衣的荒謬想法就浮現腦海。貝斯金還為這個惡作劇建了網站，販售無人機用的毛衣。神奇的是，她開始接到訂單。雖然不是所有人一窩蜂搶購無人機毛衣，至今（原文文章撰寫時）只賣出5件（每件定價89美元）。但這只是開始，她繼續推波助瀾這股無人機時尚。後來她還兼做無人機大衣、無人機短裙、幫大老闆等級的高級無人機做西裝。這場胡鬧得到大量的正面迴響，讓她

更加好奇，如果拿穿衣服的無人機去註冊交友網站，網站會員們會如何回應。她在Tinder上幫無人機註冊了個人檔案，結果追求者迅速出現。貝斯金還真的送無人機去約會，自己躲在看得到無人機和約會對象的地方，用無人機底下裝的藍牙麥克風和喇叭監聽和回話。有一個人甚至想和它約會第二次。但是無人機後來忙到沒時間談戀愛，因為貝斯金正為她的四軸飛行器考慮就職和面試的事。

　　貝斯金認為，自己不但是惡作劇行家，也是「情境策展師」（situation designer）。有許多異想天開的活動都是她在幕後搞鬼，像是「VR廢墟之旅」（Last Chance Tours，模仿即將

消失的熱門景點旅行團，用VR參觀即將拆除的建築）、「網址墳墓」（Goodbye Domains，堆放失效的網頁連結）、「客製化酪梨」（Custom Avocados，將商標或訊息用雷射切割刻在酪梨上）。最近她則熱衷於「自己當老闆」（Your Boss，一款讓自由工作者互相加油打氣給建議的App）。

——葛瑞斯・布朗溫

Make:
動手玩藍牙

Bluetooth:

Bluetooth LE Projects for Arduino, Raspberry Pi, and Smartphones

用Arduino、Raspberry Pi和智慧型手機
打造低功耗藍牙專題

智慧型手機改變了世界的樣貌，並不是因為它讓我們更方便打電話，而是因為它讓我們以全新的方式連結網路和真實世界。用低功耗藍牙（Bluetooth Low Energy）打造和控制你的周遭環境，親自駕馭這股科技的力量吧！

透過本書，你將會編寫程式，並且組裝電路來連接最新潮的感測器，甚至還能寫出你自己的藍牙服務！

◎ 深入了解低功耗藍牙，打造9組實用連線裝置！

◎ 詳細的製作步驟與程式說明，輔以全彩圖表與照片，清晰易懂！

◎ 為你的Arduino或Raspberry Pi專題拓展「無線」可能性！

艾雅‧貝蒂爾，littleBits 創辦人兼執行長，
是一位工程師兼互動藝術家。

littleBits Goes Big

littleBits 小元件有大用

艾雅·貝蒂爾

起初只想打造平易近人的電子產品，後來她讓全世界愛上littleBits

文：艾雅·貝蒂爾　譯：Madison

認識「Maker」概念之前，我想我早已是Maker。第一次聽到Maker運動是2004年在麻省理工學院（MIT）媒體實驗室上的第一堂課。那堂課叫做「如何製造（幾乎）任何東西」，它是媒體實驗室中最難選到的一堂課。教授是尼爾·格申斐德（Neil Gershenfeld），現任MIT位元與原子中心主任，也是FAB運動之父。對很多人而言，他亦是Maker運動之父。那堂課的介紹也出現在《MAKE》雜誌創刊號。我就這樣見證了一個運動的誕生，它也改變了我的人生。

當下我就知道自己是「Maker」，因為我的人生就是不斷從事創造。小時候我常常拆開錄影帶播放器，迷上各種東西的結構。我主修工程，但我很喜歡認識工程如何與其他領域交集：社會、政治和藝術。突然間我發現，原來這個社群裡的人和我興趣相投，於是我便一頭栽進去。

創立 littleBits 之前

我和三個姊妹生長在一個充滿愛的家庭，爸媽積極培養我們的好奇心。小時候，我們便開始接觸其他語言和國家；我們時常旅行，因而認識周遭的世界。我們住在黎巴嫩，那是個充滿潛力的國家，卻因國內的宗派主義、缺乏凝聚力和目光短淺而阻礙了發展。黎巴嫩沒有石油等任何的天然資源，因此當地人民非常具有企業家精神。家中世代都是商人，而且通常可以說好幾種語言、時常旅行、四處交友。

我認為黎巴嫩人的本性就是企業家。我們充滿韌性，我們享受人生。儘管歷經無數的苦難和衝突，我們依舊會振作起來，並在最艱困的環境中找到快樂。

自研究所畢業後，我在科技公司擔任財務軟體顧問。這份工作既沒有成就感而且很空虛，於是我馬上開始尋找可以追求興趣的方法。我想要製作東西！

懷抱著回歸Make精神的目標，我獲得了Eyebeam研究員一職，它是眾多開創性的藝術科技實驗室之一。我發現身邊有很多人都遇到和我一樣的問題：受困於一個不能讓他們發揮創意的職業中。儘管我有技術背景可以克服這個狀況，但很多人沒有。

就在那時，我腦海中浮現一個想法：開發一套任何人都可以使用的電子套件，而且產品完全不受年齡、性別及科技背景限制。這不僅能讓我再次從事Maker，還能幫助別人DIY作品。

一個小實驗

最初版本的littleBits是由我和傑夫·霍夫斯（Jeff Hoefs）在Smart Design設計事務所共同打造。當時我們沒有想到這會變成一個產品，它原本是個幫助設計師在展開「傳統」的互動設計工作前，用電子元件製作出原型的小實驗。

2009年Maker Faire上我和Chibitronics創辦人兼互動設計師齊潔（Jie Qi）一起發表了littleBits原型。當時她是Eyebeam的實習生。所有我們帶到攤位上的模組都是手工做的，當時故障問題不斷，我們只好不停地修到恢復正常。老實說，我們的行為就像商業騙子，有如在展示一個行不通的點子。而這讓我們更加努力改善原型。

不過參加Maker Faire是個很棒的經驗，因為我需要別人的回饋來改善作品。當時孩子們在攤位前排隊，想看看模組。我們還架起一面名為「發表你的Bit」的牆，邀請大家寫下我們應該製作哪些模組，從光感測器、蜂鳴器或是LED矩陣到「放屁感測器」，或甚至是「尋找企鵝裝置」。光是想到這些可能性就太興奮了。

全心投入

2011年，littleBits已經躍上大舞臺。紐約時代雜誌在五月時發表了一篇介紹littleBits的文章，隔月我便辭去了工作，

Mark Madeo

「我們的願景始終如一：啟發人們用
電子元件發揮創意」

轉而全心投入 littleBits，而工廠樣品也順利製作完成！bitSnap（磁鐵連接器）於中國生產，而第一批產品則由 SparkFun 製造。

我以為從此就會一帆風順了。工廠已經順利完成樣品，接著我只要下單出貨就可以了。聽起來都是輕鬆事，但我錯了！第一批樣品完成還有更多製作和出貨的作業。我總是說，一間硬體公司的 MVP 就是做好硬體公司該給的服務。這不是幾個人窩在車庫把程式寫進軟體那樣簡單，你必須規劃所有事情：品質控管、客戶服務、倉庫管理、物流運輸、稅務、退貨。當消費者購買某樣東西時，他們一開始會抱持很高的期望。而且你無法透過網路「更新」他們買的東西。

littleBits 公司在 2011 年九月正式成立。我們在紐約 Maker Faire 販售第一批產品。當時只有我和保羅・羅斯曼（Paul Rothman）兩人，他是創意技術專家，也是公司首位 Bitster 達人。

那是個引以為榮的時刻，那時我們發布一個全新產品：電子積木。剛開始的募款也相對容易。現任 MIT 媒體實驗室主任的伊藤穰一在某場展示會中看到 littleBits，就寫信告訴我他想投資。之後我便很快地找到許多投資者，並在第一輪募資達到 85 萬美金。我們的願景始終如一：啟發人們用電子元件發揮創意。而投資者和我一樣相信 littleBits 的潛力。

2011 年十月，我們受邀在紐約現代藝術博物館展出。第一版本的 Bits 現在已經有了永久的家，就在畢卡索和便利貼中間，我們也參與該館的當代互動展覽「與我對話」。

新創挑戰

我認為每個創業家在創業路上都會經歷幾次冒牌者症候群的狀況。因為這是你第一次學到這麼多東西。如何製作產品、拓展業務、招募員工、該雇用誰、說服投資人、自我推銷等。你會不斷想著：除了我，大家能力都好強。為什麼創業這麼難？

事實上，它就是這麼難。對每個人而言都是如此。有些人只是比較會掩飾。你必須盡可能去驗證自己的創業點子。就我而言最大的驗證資源就是社群。littleBits

1. 位於紐約的littleBits快閃店：發明實驗室（The Invention Lab，2015年）
2. littleBits的簡單電路：電源、輸入和輸出。
3. 艾雅·貝蒂爾在Eyebeam組裝初期的littleBits（2009年）。
4. 課堂上的孩子正在操作littleBits程式套件（2007年）。
5. 發明實驗室的內部環境。

產品上市幾個月後，我收到Google快訊傳送的一則YouTube影片，影片中有一名男孩和他爸爸展示他們發明的專題。看完之後，我決定在Youtube搜尋「littleBits」。突然之間，我找到各種人們用littleBits開發的專題，遠從南非到新加坡、墨西哥到加拿大都有！這一刻令我雀躍不已，因為我發現littleBits跨越了國界，而且已經在全球各地發揮影響力。

時至今日，我們依舊會收到來自世界各地的粉絲信。信中有父母說他們的孩子突然愛上STEAM，也有孩子發現他們的創意超乎自己想像，更有大人終於發現科技並非遙不可及。還有老師反應，往往在學校生活中有困難的學生反而成了創作littleBits最認真的人。

數十年來的研究證明寓教於樂的學習效率極高。發現littleBits能拉近學生和STEAM的距離，並為他們帶來難忘的「時刻」——第一次接通電路而明白自己能創造

任何事物，這給了我無比的動力。

當我看見孩子們的發明能為他人的生命帶來影響——從視障者輔助頭盔到預防意外的自行車，內心受到真正的啟發。

公司與社群

littleBits成立18個月時，我依舊以主任工程師為職稱。有天，我發現自己很少從事「工程」，轉而接受執行長的頭銜。現在，人們使用littleBits的創意已經遠遠超乎我所能想像，對此我感到非常開心。有太多事必須透過別人的觀點才能看見。如今我已能坦然接受，專注在其他事務上。

社群營造是個自然演進的過程。懷抱對littleBits使命的熱情，所以我抓住任何能與相似社群建立關係的機會，像是Maker社群、STEM社群、女子培力社群、創業家社群，以產生綜合效益。成為這些社群的一份子讓我獲益良多。也就是說，要想為好的社群經營者，就要先扮好社群貢獻

者的角色。

擁有今日樣貌的背後，littleBits其實經歷多次的迭代改良。我們慶祝過許多大大小小的成功，面對各種不同的挑戰。我們也有過多次瀕死經驗：生產方面發生嚴重問題，使團隊要在數小時內搭夜班機飛到中國；合作的重要零售商突然倒閉，所有littleBits產品都面臨出清。為了littleBits，我們總會遇到許多不同的狀況，必須跨越各種門檻、克服不同的挑戰、吸收新的教訓。

但有很多事情從未改變。例如，從一開始我們就很重視Bits的設計。我認為產品具有性別中立概念是非常重要的。從電路板的顏色到包裝，每個產品都經過精心設計，讓男孩女孩都喜歡。這樣的普及性能讓每個人盡情發揮創意，透過發明培養對STEAM的熱愛。

因此，我們已經能吸引更多女性進入STEAM世界，如此高的比例是前所未有的。同時我們也開發出美麗的產品。現今，

Mark Madeo, littleBits, Jun Shéna

1

2

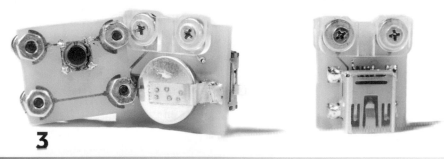

3

4

「發現 littleBits 能拉近學生和 STEAM 的距離,並為他們帶來難忘的「時刻」——第一次接通電路而明白自己能創造任何事物,這給了我無比的動力。」

針對女性學生推廣 STEAM的建議:

1. 愈早愈好。 全國女子合作計畫報告指出,在高中階段的一般考試裡,女生和男生的成績幾乎一樣。然而在更早的8年級階段,對STEAM職業表示興趣的男生是女生的兩倍。我們相信8歲是她們的想像力顛峰期,愈早挖掘女孩們的想像力,就能為她們帶來愈多影響。

2. 打造性別中立產品。 市面上有太多以性別製作的產品。這些東西並不能鼓勵孩子們共同玩樂,只會加深他們的刻板印象,且更無法讓孩子接觸多元化興趣。創意、孩子的好奇心和STEAM都不應該被貼上性別標籤。

3. 鼓勵女孩啟發更多女性。 並以他們的例子製作文章或行銷素材,展現她們如何使用你的產品,幫助女孩相信自己也能做同樣的事。換句話說,我們應該致力於培養她們的領導者思維,而不是讓她們站在被動角度思考,讓她們知道創造與發明事物其實有趣又刺激,世界上總有屬於她們的地方。

1. 和2. 是第一代的紙板原型
3. 第二代原型的品質較好
4. 第四代已有標誌性的外型設計
5.艾雅・貝蒂爾和團隊夥伴萊恩・麥瑟、艾雅・哈姆丹和莎拉・佩姬
6. littleBits辦公室內部:工作中的艾蜜莉・托特、伊凡・史皮勒和卡雷納・努內茲

littleBits 有 35% ～ 40% 的使用者是女性，是這類產業平均的四倍！

新夥伴

現今的 littleBits 平臺已有超過 10 個套件組跟 70 種可以互通的 Bits。團隊人數超過一百人。至今我們賣出超過 100 萬件產品至全球 150 以上國家的發明家。世界各地也有 300 個以上的 littleBits 發明者社團，從聖保羅、舊金山到曼谷都有。

2016 年夏天，littleBits 獲邀參加迪士尼創業育成加速計畫。目的是要尋找並資助「創新消費者媒體和娛樂產品點子」。計畫非常成功，幫助了不少創業初期的公司及類似 littleBits 的成熟企業。

我們和迪士尼密切合作，開發出第一個授權產品「littleBits 機器人套件」。這不是《星際大戰》的複製品玩具，而是推廣迭代工程相關教育的 STEAM 產品。這也是首次迪士尼讓得到授權者「自由發揮」，為電影角色製作出能客製化的玩具。從產品本身到包裝上的圖片，迪士尼與我們共同合作，接受 littleBits 帶給授權產品的價值。

《星際大戰》總有不同的方式能啟發影迷。改造、尋寶和發明就是這個經銷權的核心。與迪士尼、盧卡斯影業合作，我們

看到動手做產品傳遞科學、科技與發明價值，現在和未來都有可觀的機會。迪士尼創業育成加速器改變了 littleBits 的路線，帶領我們突破同溫層，進入主流和大眾文化。這項產品贏得了去年玩具協會的年度創意玩具獎，同時登上亞馬遜節日禮品前十名、星際大戰系列玩具第一名、2017 年第四季 50 元以上玩具第一名。它還進入了玩具界最富盛名的「Hot Toys」名單。我們剛與漫威合作推出第二個授權產品「復仇者聯盟發明家套件」，目前發售中。

敢於做夢

過去十年，我們看見教育的定義及其所扮演的角色產生了鉅變。我們以新世代企業引領者為 littleBits 的定位，而科技、設計和 Maker 運動就是公司的成長動力。我們所做的就是重新定義寓教於樂的未來。為此，最近我們做了一個重大決定：收購 DIY.org，這是 littleBits 的首筆收購。它是規模數一數二的孩童安全線上社群，孩子們可以在這裡分享內容、探索新事物、提升技能，還能認識一群同樣敢於作夢的朋友。攜手合作，我們能改造孩子的教育：不論是在學校、家庭，或是孩子所到之處。

最重要的是，我們代表我們的社群。現今，全世界已有數百萬個發明使用 littleBits。龐大的發明者社群認同我們的品牌。我們貨真價實，而且，我們不會停止把科學、科技、工程和數學結合至產品，我們也會將藝術、音樂和創意融入我們做的每件事。

我們學到一件重要的事：我們能幫助孩子實踐他們的興趣，讓他們的創意成真。來自南加州的斯凱（Sky）年僅 10 歲，因為她對醫學很有興趣，所以發明了能給水、給藥、追蹤用藥量的「給藥機」。18 歲的安吉（Enxhi）來自科索沃的賈科維察，喜歡時尚的她用了 littleBits 設計出一件會發光的電子裙。另一位 11 歲的發明家維丹特（Vedant）來自麻薩諸塞州的丹弗斯。談到 littleBits 時，他說：「現在我的想像能夠成真了。」他發明了一種能控制自己樂高車的方法，就是用 littleBits 打造一支遙控器。

littleBits 團隊能為全世界 Maker 的生活和他們的發明帶來如此深遠的影響，我與有榮焉。⊘

Newton's 3D Printer

牛頓的3D印表機

重新思考微積分！用3D列印模型
幫你的微積分大加分

文：瓊恩‧霍瓦斯、瑞奇‧卡麥隆　譯：謝明珊

瓊恩‧霍瓦斯
Joan Horvath
是麻省理工學院（MIT）校友，
曾是火箭科學家和教育者。

瑞奇‧卡麥隆
Rich Cameron
是開源 3D 印表機駭客，設
計出 RepRap Wallace 和
Bukito 印表機。他們共同
創立了 Nonscriptum LLC
（nonscriptum.com）。目前兩人
正在共同撰寫第七本與第八本書。

每當老師把3D列印融入課程時，總會面臨「尷尬」的問題。若只是下載模型、列印出來，學生根本學不到什麼。有些免費模型甚至會誤人子弟（這還是委婉的說法了）。

但另一方面，對許多老師而言，要求學生用CAD軟體自行建模又要耗費太多心力講解模型機械原理。要想教得好，還得需要深厚的科學和數學知識。

我們發現只要將瓊恩的數學和科學背景，以及瑞奇的3D列印和幾何問題解決知識，就能打造出「最適合」的模型。我們的模型不是只有「下載即可列印」而已，但也不需要學生從零開始。我們所設計的模型可以根據科學的理論進行調整，而不僅僅是為了配合印表機功能限制而縮放。我們還詳細解說模型所展現的科學概念，及其背後的假設和侷限。

我們已經寫了兩本書，主題是一系列用模型呈現的科學專題，全部都是由OpenSCAD軟體繪製而成。我們試著自己建模，好讓學生不用屈就那些缺乏校準、濫用的3D印表機，就像許多學校裡的3D印表機一樣。書中的每一個章節都有「像Maker一樣學習」的單元，列出我們建模過程中發生的缺失，讓其他想要調整模型的人知道我們試過哪些方法。

克卜勒的重奏

或許乍聽之下好像很簡單，但我們的首要關鍵是讓3D列印能打造出真正的3D圖形，而且能同時表現實體和抽象的空間概念。「塑膠克卜勒定律」正是我們最愛的其中一個模型。十七世紀初期，約翰尼斯·克卜勒（Joannes Kepler）發現行星環繞太陽的軌道是橢圓形的，而太陽就在其中一個焦點上。他的資料顯示行星靠近太陽時，繞行速度會加快，若距離太陽愈遙遠，速度則會漸緩。更確切地說，克卜勒第二定律解釋繞行太陽的行星，其與太陽的連線在等長時間內掃過的面積會相等。我們透過設計模型來視覺化呈現行星在軌道上的速度變化，如圖A和圖B。

模型的底座正是行星繞行太陽的軌道，高度則代表行星在軌道上的行進速度。圖A所示長而窄的模型就是哈雷彗星的軌道，從模型可以得知當哈雷彗星靠近太陽時，速度會躍升，且軌道有朝上的現象；而遠離太陽繞行黑暗區域時，則是速度漸緩、軌道一路往下的現象。圖B中的三個模型，分別是地球、金星和水星的繞行軌道。而水星的軌道有明顯的橢圓形狀，所以較尖一邊的速度比另一邊快。

我們也打造其他主題的模型，舉凡植物生長（圖C）、翅膀、物質分子、重力波、沙丘到邏輯電路等等。踏上建模之路所累積的經驗也讓我們印象深刻，從建立、操作、調整模型到取捨教學內容，都獲益良多。

貼近觸覺學習

製作初期，就有教導視障學生的老師表示感興趣。考慮到視障者會如何使用模型，自然而然會讓我們淘汰一些糟糕的3D列印設計，例如我們會列印3D幾何物體的立體線（Raised-line）透視圖，而不再是原先列印的圓錐體或立方體（圖D）。這也讓我們在解釋模型功用時更仔細。像是模型該怎麼拿？從什麼部位開始觸摸？

最近我們在某科學研討會中辦了一場工作坊，探討這方面的模型製作，現場正好有一位視障人士參加。活動主持人帶來了3D列印模型，並在大家議論紛紛時遞給我們的視障同仁。比起憑空想像簡報的內容，這個方法更能讓她參與活動。此外，就連視力正常的與會者也在會後跑來試摸和把玩。顯然模型能給予每個人更多的理解和參與感。

讓牛頓復活

在打造某些模型過程中，我們意外從第一原理得到了微積分的概念。於是瑞奇開始製作探索性模型來協助微積分思考。這才意識到我們正在開創一種能實現端到端（End-to-end）、可替代性、動手做的微積分課程教學的全新方法。為了獲得靈感，我們回歸第一本微積分書籍，也就是1687年艾薩克·牛頓撰寫的《自然哲學的數學原理》。我們萬萬沒想到書中竟然幾乎都沒有代數，反倒出現許多幾何圖形。

要利用3D列印來改變數學和科學教學方式，勢必要重組這些概念。於是我們回歸遙遠的牛頓時代。我們要用幾何模型和物理學相似物來培養學生的直覺，而不是用一大堆代數運算和死背公式。我們稱這項專題為「駭客微積分」，口號為「如果牛頓也有3D印表機」。目前我們正為麻省理工學院出版社寫書、開放我們的模型供大家使用，以創造一個能改變現狀的社群。我們認為，牛頓都這麼有Maker精神了，他絕對會同意我們這麼做。◼

tiero - Adobe Stock, matiasdelcarmine - Adobe Stock; Figures A,B,C from 3D Printed Science Projects, Apress; all photos Rich Cameron

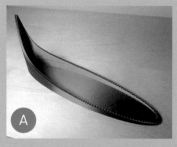

A

B

C

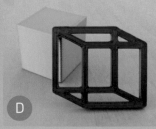

D

電子Maker跨界出版之路
Hidden Figures

文：編輯部
照片來源：彭宇豪

《 MAKE 》雜誌為了提供多元領域的專題介紹，將動手做的樂趣推廣給各式各樣的族群，撰寫並編輯許多跨領域文章，而文字編輯如何掌握各專業領域知識，有時就有賴編輯顧問群的幫助囉！無論是評測機種時的評測團隊，或常駐專業顧問，我們都需要各種專業Maker的幫助。本期Maker ProFile：Taiwan特別請到馥林文化彭宇豪分享職涯經驗。妙的是，彭宇豪對文字與出版並無經驗，卻誤打誤撞，

以電子工程師的身分協助許多相關雜誌編輯過程。

《 MAKE 》雜誌國際中文版坐落於商辦大樓，在和諧的出版部門裡面，有一位自稱格格不入的員工，他就是今天的主角：彭宇豪，朋友們都叫他「大海」。

大海原本是一名研發工程師，與臺灣其他的工程師一樣，每天都與一大堆儀器、電路和程式為伍，就這樣過了好幾年科技人的生活。但是大海始終沒忘記當時就

讀電子科系的初衷：一切都是為了好玩。於是為了實現能夠「玩得更專業」的理想，他毅然轉跑換道進入馥林文化，同時協助《 MAKE 》雜誌國際中文版，成為《 MAKE 》雜誌電子領域顧問之一。

編輯部（下稱編）：你從什麼時候開始加入Maker 的行列？

彭宇豪（下稱海）：我認為人人都是Maker，從古至今都是一樣，只是現在給了一個新

名詞。如果是問我什麼時候來到目前這份出版社的工作，那大概是三年前。

編：你目前在出版社負責什麼工作？
海：我的任務是研究如何將眾多有趣的自造專題改造成適合臺灣本地，例如國外的專題往往是他們當地常見的零件，而那些零件臺灣不見得有，於是必須尋找本地貨源置換成我們可以容易取得的零件。還有就是如果有人看了雜誌上的專題不會做，我也擔任了一個可被諮詢的角色，告訴讀者如何做或是去哪裡找零件。

編：你的專長有哪些？
海：我的專長比較偏重在電子電路與嵌入式系統。由於工作的需要，我也必須具備軟硬體整合以及一些機構方面的知識。

編：來到出版社之前，你從事什麼工作呢？
海：在來到出版社之前，我主要有兩項工作經驗。一是生理監視器，所謂的生理監視器就是生理訊號監視與記錄的儀器，那是一種醫院在用的儀器，可能重症的病人比較容易碰到。這樣說吧，心電圖有聽過吧？血壓計有聽過吧？耳溫槍有聽過吧？把這些儀器組裝在一起就是基本的生理監視器。生理監視器的研發需要具備多種技能，軟硬體整合是其中一項，雖然說生理監視艇起來很高科技，但其實這些訊號都是很基本的物理化學現象而已，重點是要能整合這些知識成為有用的產品。

第二份工作經驗是嵌入式系統的開發，這個部分是有關於linux系統的建置與設定以及程式設計的工作。其實算是第一份工作的延伸，因為生理監視器也是一種嵌入式系統。

編：你覺得這些工作經驗與成為一位Maker有什麼關係？
海：其實成為一名研發工程師與我喜歡打造東西很有關係，不能說我是因為工作而成為Maker，而是因為我骨子裡就是一個Maker，所以成為一名研發工程師（笑）。跟朋友聊到這個問題的時候常喜歡舉一個例子：在ptt這一類的社群中常會看見某一類月經文（編按：是指經常一段時間就出現的同類型文章）問說：是不是不結婚的人都會變得孤僻？我說：那是因為孤僻才不結婚的吧？有點政治不正確，我只是舉個例子。

編：來到出版社之後，看你完成了一些作品，你能說說做了什麼專題嗎？
海：一開始是根據老闆的指示做事，但沒有多久我分心的老毛病又犯了，開始利用空檔把公司倉庫以及辦公室裡面用不到的物品蒐集起來，開始打造一些自己覺得好玩的東西。一方面看著自己出版社的雜誌書籍的內容，另一方面看著網路上國內外網友分享的專題；有時候是模仿那些已經有的專題，有時候是自己發想，大部分是圍繞在自己擅長的電子電路以及程式設計的領域範圍。

編：分享一下你打造這些專題的過程吧！
海：每一種專題的執行細節都不一樣，但是整理一下還是可以有一些形而上的流程。一開始可能是在網路上看到一個有趣的專題，先不要看他怎麼做的，先用自己已知的經驗去想像：如果我來做我會怎麼做？接著我會在筆記本上面畫草圖，把自己想像的方法、材料及過程等畫下來。然後如果有用到控制板與程式的部分，我會先做一個測試性質的實驗，看看可行性如何？把一些關鍵的技術練習一下，看看還缺少什麼？最後就是採買材料回來，用工具把它們組合起來。

編：對於Maker運動在臺灣的發展，你有什麼看法嗎？
海：臺灣的Maker運動有很多前輩前仆後繼；有些人很有想法，有些人默默在做。我有幸能夠躬逢其盛，已經很滿足了，沒有什麼可以特別說的。不過剛好今年（2019）臺灣的新課綱已經上路，我看課綱裡面也有提到Maker運動，感覺上臺灣還是很有活力，每個方面都不落人後，希望江山代有才人出，引領我們走向好的方向吧！

就如大海所說，每個人都是Maker：無論是在出版業做電子專題，還是白天當編輯、回家做小飾品和簡易穿戴式裝置，動手做能跨越學科領域，成為我們的生活態度。

他的Maker世界與奇珍異獸

1.左邊是一臺蘋果麥金塔一代模擬器，還可以跑PhotoShop V1.0喔！右邊是軟碟機音樂合成器，可以將MIDI音樂用軟碟機播放出來（參考MAKE中文版第39期），大海稱它為Noippy（Noise+Floppy，意為噪音產生器）。

2.這隻「示波筆」可以快速顯示信號波形，方便電路實驗的除錯。

3.這是「樹莓拍」，是用川芎、桔梗以及天山雪蓮炮製而成，實乃居家良藥！開玩笑的，其實是用樹莓派（Raspberry Pi）、相機模組與熱感印表機組合而成。

4.這是真空管耳機擴大機（詳見CircuitCellar中文版第3期）。左邊是舊的實驗機種，右邊是新一代穩定機種。

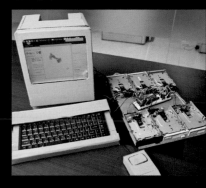

大海結語：為什麼蘋果的東西我也懂，但賺錢的是他們不是我（歪頭）？

Written by Mike Senese

Maker School

動手做中學

文：麥克・西尼斯 譯：蔡宸紘

無論身處課堂或工作室中，自己的專題都是最好的老師

自從做為一種運動和表達自我定義的「動手做（Making）」復興後，現今已發展成為全球社會中的潮流。動手做觸及了所有領域，從業餘愛好者到大型企業都參與其中。或許這是最顯著的例子：現今的學習與教育領域也能看見動手做的身影。各大洲的學校都將Maker教育（Maker Ed）納入課綱，同時結合校內的Makerspace，不僅為學生提供能夠親身接觸新科技的管道，也指引了他們將這些科技融入研究和作品。然而當動手做改變一切，我們也切記莫忘初衷。

在「動手做是事業與玩樂的完美融合」（Making Is Where Work and Play Are in Perfect Harmony）（暫譯）（makezine.com/go/measurably-useful-work）一文中，荷蘭藝術家兼作家艾絲翠・珀特（Astrid Poot）為玩樂一詞打抱不平，因為動手做已轉變成了學術和工作環境的嚴肅議題了。於是珀特提供了以下的指導與建議：

教育創業家們，如果你鼓勵孩子動手做，就請尊重它的美。別用程序、方法和標準扼殺它。請對這些Maker有信念，無論他們多年輕。不要短視近利，請將眼光放在學生的（長期）成長。請給予教師們鼓勵，讓他們能以自己的方式進行教學。每種教學自有其效用。另外，許多二十一世紀的技能已經是教育的一大核心，欣然接受吧。

我們也同意。

同樣地，學習不應侷限於教室，更不受年齡限制。這是動手做心態的一大重點。學習成效最好的方式，就是透過實作、運用我們的雙手以及追隨創造的熱情，無論專題是實用還是娛樂性質（或兩者），我們都能學到新技能。這些技能會延續下去，讓下個專題更好、更快、成本更低，或甚至是從初學者變身專業達人。從程式、設計到製造，動手做都能帶來無限的價值。

我們鼓勵你投入這些興趣，成為領域中的翹楚。花點時間理解自己專題的原理，並思考如何在別的領域中加入專題。成為專家，並將專業知識分享給他人。只要付諸行動，就能為你自己、你的社群和Maker運動帶來美好改變。

Rawpixel.com - Adobe Stock

Crash Course

DIY全技巧速成班
通往動手做專家的必經之路

文：伊凡‧艾克曼、卡里布‧卡夫特、赫普‧斯瓦迪雅　譯：Madison

在今日的經濟型態中，學習新的技能比以往任何時刻都要容易。有線上社群和資源可以指導我們，加速新技術的發展，並幫助我們拓展視野。也有許多方法可以讓我們培養DIY興趣，不過要成為達人或甚至是專業人士，負擔是有點重。然而，如果把事物細分成多個小目標，學習之路就會變得更清晰。

為此，我們請來不同領域的專家從經典的手工藝到機器人技術和角色扮演，瞭解他們如何在各自的領域中尋找方向，並分享一些等待自造者開發的機會。

——卡里布‧卡夫特

伊凡‧艾克曼
Evan Ackerman
住在華盛頓特區，是科學寫作方面的自由作家。自2007年以來，他已撰寫了超過6,500篇關於機器人和新興科技的文章。

21 世紀機器人

如果你向五個不同的專家詢問機器人是什麼，你可能會得到10個不同的答案。普遍最接受的定義可能就像「能夠感測周圍環境，並根據感測結果，自主採取行動影響其環境。」

無論他們的結構是基本還是複雜，任何機器人都是軟體和硬體的結合。「機器人與眾不同的其中一個原因是它的系統性，」iRobot共同創辦人兼執行長科林‧安傑羅（Colin Angle）說。「這不只與軟體、感測器有關，而是整個系統。」這可能會讓機器人科學聽起來有點嚇人，因為你似乎需要同時學習機械工程和軟體工程才能做點有用的事。

幸運的是，現今許多有趣和創意的機器人科學發展都發生在程式設計之中，工具也不像以前那麼難了。「現在科學最大的進步在於軟體方面，其中大部分都是因為硬體方面的突破而能實現，」機器人專家卡羅‧萊禮（Carol Reiley）說。「許多產業正在轉型為軟體驅動，即人工智慧。在這個實體世界中，我們有更多讓軟體成長及瞭解這些資料的機會。」

學習寫程式

如果你已經會寫任何一種程式，恭喜你，因為幫機器人寫程式和幫其他東西寫程式非常相似。Open Robotics執行長布萊恩‧傑爾奇（Brian Gerkey）表示，

要學哪種語言取決於你想要開發何種機器人技術。「如果你要開發應用於機器人的自動控制軟體，C++和Python是最常用的語言。但是現實世界中運作的機器人也需要適合工程師以外的人操作的介面，這些介面通常以網路或行動科技為基礎，所以JavaScript、Java和Swift都很實用。」

如果你不會撰寫任何程式，那也很棒。因為機器人科學是最令人興奮的學習方式。不用寫程式的入門方法有很多種，像是用視覺化程式語言來拖放互動式方塊來寫程式。最知名的系統大概就是MIT媒體實驗室開發的Scratch。而使用Google的Blockly有額外的優點：它可以展示各種不同程式語言的即時翻譯，包括Python和JavaScript。Scratch、Blockly這類的視覺化程式語言是大多數入門的機器人套件的首選界面。能幫助你快速上手，更能無痛地進入複雜編程的領域。

不過還是要記得，機器人除了軟體還包括硬體。要學會如何讓機器人有效運作，兩者的經驗缺一不可。「重要的是一旦開始學習，就要去認識所有互相結合運作的事物，」安傑羅說，「捲起袖子動手打造專題，或者去找些東西來拆解，並試著理解運作原理直到你能將它重組好。你需要邊做邊學，日後方可抉擇最適合你的專業領域。」

Hep Svadja

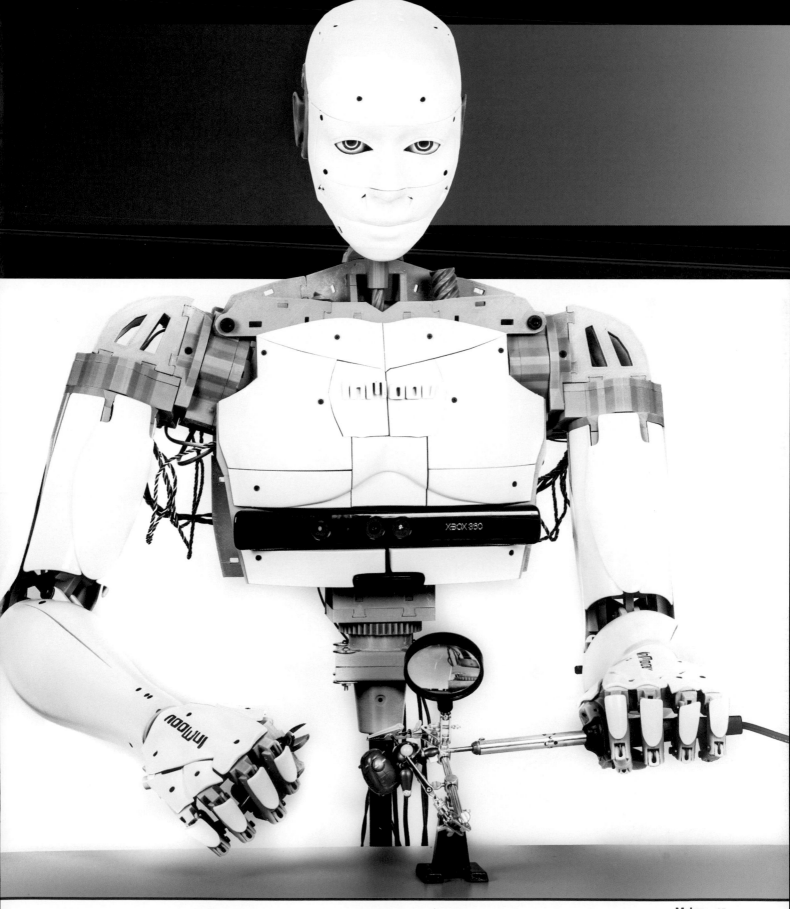

1. Ozobot Evo
2. Finch
3. Root
4. Lego Mindstorms EV3
5. Vex IQ Super Kit
6. iRobot Create 2
7. Misty II
8. TurtleBot

入門

最複雜的機器人是由許多個感測器、致動器和自主邏輯組成。簡單的機器人上每種元件不用太多也能達到類似的功能，而最簡單的機器人每種只有一個。有一種簡單的入門方法就是使用Arduino入門套件，只要找到有感測器和致動器的套件即可。只要透過教學，了解如何控制伺服馬達以及讀取溫度感測器，你就能知道機器人偵測溫度而自動開啟風扇的基礎原理了。

然而，人們喜歡會移動的東西。對於機器人和程式設計的初學者，我們建議你從既有的平臺開始，以訓練你撰寫程式的能力。你需要一個包含幾個不同級別的程式介面，這樣當你上手後就能由淺至深。

Ozobot Evo特別適合年輕的初學者，因為你可以透過機器人在讀取的紙張上移動時用不同顏色畫出圖案來「編寫程式」。它完全不需要任何軟體界面，而且能讓你熟悉以Blockly為基礎的視覺化程式設計語言。Finch是卡內基梅隆大學開發的一種教育機器人，功能更加多樣化，包括光感測器、溫度感測器和基本的障礙物偵測。想玩Finch，必須先從Snap!開始。它是一種以Scratch為基礎的視覺化程式設計語言，並經由修改變成適合小學低年級生使用。Snap!介面會變得愈來愈複雜，直到你終於學會Python、Java或其他語言。Root是由哈佛大學開發的機器人，它可以在壁掛的白板上行走（它會吸附磁鐵），而且配備零件數量驚人，它有超過50個感測器、致動器和觸摸感測表面和LED等互動元件。Root可從視覺化程式語言介面開始，之後再轉換為Python、JavaScript和Swift等文字程式語言。

如果你喜歡多功能、多種硬體選擇以及動手製作的過程，Lego Mindstorms EV3和Vex IQ Super Kit都很適合。兩者都可以在類似Scratch的圖形環境中寫程式，你也可以繼續在Lego中用LabVIEW撰寫，而Vex和Lego都可以用C（也就是ROBOTC程式語言）。Lego和Vex還整合了世界各地的機器人競賽，不僅是挑戰自我的絕佳管道，還能認識其他熱愛機器人

4

5

6

7

8

的同好。

升級學習力

大部分在機器人領域很酷、超酷的東西，需要更複雜的硬體才做得出來，包括更好的感測器、致動器和電腦。當你對寫程式愈來愈有自信，你可能會發現教育機器人和大多數機器人套件的硬體根本不夠用。在過去，跨越這個門檻的方法就是自己打造機器人，或是在iRobot's Create 2行動平臺上加東西。想要用硬體做些實驗的話，這個方式還是不錯。

過去幾年開始出現了一些新的機器人。專門設計給學生和經驗豐富的業餘愛好者使用，它有強大的硬體和可編輯的軟體。這些機器人可能不適合初學者，但如果你想要專心寫程式，它能給你最多的選擇。Misty II專為有一定程式設計基礎但不一定熟悉機器人的人士而設計。它配備各種感測器，機器人背面的擴充埠可直接插入Arduino或Raspberry Pi，輕鬆混合使用自己的硬體配件。TurtleBot是為機器人作業系統（ROS）設計的開發平臺。ROS使用通用軟體（C++和Python），可以驅動任何類型的機器人，它需要專家協作和擴充強大支援的開源核心。

TurtleBot旨在提供一個經濟實惠的ROS程式設計學習的方式，而它也非常成功。因此，TurtleBots經常出現在機器人課程中，因效能足夠且具有可擴充性，故經常用於商業化成品之前的早期原形設計之用。

下一步呢？

將機器人當作業餘愛好可以做很多事，但如果你正在尋找進一步發展的方法，社群（如當地的機器人俱樂部）可以提供靈感和支援。如果你附近沒什麼人對機器人技術感興趣，那麼線上社群也是一種選擇，遇到特定難題時還能幫你一把。

學生的話選擇更多。Vex和Lego（由FIRST組織舉辦）有以套件為基礎的機器人競賽，參賽隊伍年齡最小為6歲。對於高中生來說，比賽可以是很嚴肅的事，因為世界各地數千個團隊都會來參賽，撰寫程式、打造複雜的機器人，以克服每年不同的挑戰。

FIRST和Vex都是軟硬體的實務經驗的完美結合，但成為機器人競賽團隊一份子比打造機器人更有價值。身為團隊的一員，並共同為一個大專題付出努力，本身就是一種挑戰和收穫。「你要累積實作經

驗，還要有團隊合作經驗，」波士頓動力創辦人兼執行長馬克・萊伯特（Marc Raibert）說，「與團隊合作的能力就和你的專業技能一樣重要。」安傑羅也認同：「我們尋找人才時，最重要的條件是能在團隊中有效率地完成工作。機器人很困難，它結合許多學科的知識，iRobot中所有的機器人都不是靠一個人就能完成的。」

高中之後，許多大學設立專門的機器人學程，甚至還有一些學校特別提供機器人科學的學位（而不再是機械工程或軟體工程）。機器人競賽也持續推動機器人教育，從機器人世界盃的自動足球賽，到DJI和亞馬遜等企業贊助的家用機器人和搜救機器人競賽，都在尋找新技術和新人才。

對想要將機器人興趣發展成職業的人來說，最好的建議就是「立刻開始」，傑爾奇說。「產業對機器人領域的專業人才需求正快速上升，而人才也愈來愈多。我們看過高中畢業前就有數年程式設計和機器人開發經驗的學生。這就是你要面對的競爭，所以請好好準備。」想要在波士頓動力這類企業從事機器人相關工作嗎？很簡單，萊伯特說：「做你想做的事就對了。」
　　　　　　　　　　　　——伊凡・艾克曼

Three Types of Crafts
學習三大手工藝

文：卡里布‧卡夫特　譯：Hannah

傳統的Maker活動總是樂趣無窮，還有很大的機會能當作副業，締造更多可能性。手工藝種類多元，各不相同。以下為木工、烹飪及編織等三種不同類型手工藝的入門觀念。

木工

隨著網路上掀起一股木工風，不論是做為興趣或是職業，都可見這門工藝再次崛起之勢。網路上木工教學和創意專題的影片數量如雨後春筍般湧現。以前有心追求木工專業的人會四處尋機當學徒（至今仍有人這麼做，請見第30頁：〈該當學徒嗎？〉，現在也有許多人會向老師或是線上影片來學習基礎知識，再自己磨練技能。

「YouTube和Instagram會是學習新知及不同技能的好管道，還有像『木語

呢喃』（The Wood Whisperer）這類網站也很棒，」克里斯‧布里罕（Chris Brigham）說道。他是Knife & Saw（他的個人公司）和FineRoot（他是該公司合夥人）的專業木工。「我會不斷地欣賞別人的作品，看看他們如何做出與我不一樣的東西。」

與塵為伍

要想練就一身好功夫，就必須強迫自己嘗試新事物；你會做出一些很醜的家具、你做的斜接處會有一段時間無法完美吻合、你還會有挫折感。「我一直覺得，學習事物最好的方法就是放手一搏，並多加嘗試，」布里罕說。「這些事很可能令人感到挫折，而且所做的東西會變成垃圾，但你會有所收穫。」

參加線上比賽是讓你維持動力的好方

法。播客、工具公司和Instructables網站經常舉辦這些比賽。雖然可能沒辦法贏得獎項（但也有可能贏！），你會發現你已經在自我鍛鍊的路上，而且通常還會獲得一、兩項新技巧。

更進一步

最後，你可能會想自我行銷。布里罕的某個專題在網路上大受歡迎，也讓他很早就獲得成功。「我曾把自行車架（The Bike Shelf）這個作品秀給一些朋友看，於是他們隨即轉發給有影響力的設計網站。像是Hypebeast、Selectism、Cool Hunting、Apartment Therapy等。大概就是從那時開始爆紅，」他說。「我也因為那些報導得以開啟客製化服務，並以此為業。」

待能力漸趨成熟，你可能會發現自己對製作特定作品比較在行。要麼你風格獨特，要麼你很擅長製作某樣東西。但別笨笨以為每個作品都必須很精緻或罕見，eBay上現在就有將近1,000美元的砧板。布里罕結論：「總而言之，假如你能做出人們需要或想要的好成品，就會受到青睞。」

烹飪

到廚藝學校進修肯定會大加分，而且想要在餐廳謀得一職，這種經歷可能是必要的。不過，還是有一些方法能讓熱愛下廚、意志堅定的Maker，將興趣轉為技能，甚至能靠自己對糕點的熱情為生。

學習掌握臨界點

首先，你必須一頭栽入烹飪世界！「採取雙管齊下的方法：邊研究、邊實作。」身兼名廚及詹姆斯比爾德獎提名的美食作家艾莉森・羅貝切莉（Allison Robicelli）說道：「唯有身體力行才能學會烘焙。做得愈多，廚藝愈精。」

追蹤那些帶給你靈感的人的頻道。永保探索及嘗試新事物的心，如此才能累積技能。但記住，影片的所有畫面都是編輯過的，即使裡面有些笨拙的片段，他們也不會把做苦工的感受秀給你看。不僅如此，當做出來的馬卡龍坍塌又沒有裙邊時的超級挫敗感，當然也看不到。

有關製作餐前小點的技巧，你可以嘗

Fine Root - finerootsf.com, Knife & Saw - theknifeandsaw.com, Natalia Klenova - Adobe Stock

卡里布・卡夫特
Caleb Kraft
《MAKE》雜誌主編。畢生鑽研各種不同的工藝技巧，熱愛學習新事物時從門外漢變成等級尚可的腦內啡噴發感。

該當
學徒嗎？

艾莉森・羅貝切莉：「我當過。因為廚藝學校要花35,000美元，當學徒替我省下了大筆錢。假如你走進一家餐廳，詢問是否能無償替他們工作，幾乎不太會被拒絕。只要你堅守原則，就不會被利用。一個地方最多待六星期，接著再找別的地方當學徒，藉此增進你的技藝。儘量問問題，要有野心！如果你想自學廚藝，那就沒時間害羞。」

克里斯・布里罕：「當我決定轉換跑道投入木工，便開始過著穿梭學校與當學徒的生活。我很清楚當學徒是最好的，因為你可以直接體驗，而且教你的人不只傳授工藝，也會教你如何經營事業，真是受益良多，至少我的情況是這樣。而且，我也不必花一大筆錢去上課，這樣很好，因為不用花大錢也能學到技藝；而且當時我有意願也有能力做幾乎無償的工作。此外，我運氣很好，在Council Design找到一位很棒的導師德瑞克・陳（Derek Chen）。可以向自己打從心底尊敬的人拜師學藝也很幸運，他的作品和我想做的也很接近，他是個很好的人，也是位好老師。」

Natalia Klenova - Adobe Stock, Nataliia Pyzhova - Adobe Stock

試以前沒做過，但也許會學用到新技巧的東西。沒試過打發慕斯？那就試試吧！找出失敗的原因，並從中學習。假如你在YouTube影片發現大家都説「不要過度攪拌！」那就找出原因。攪拌到你手痛為止，親眼看看結果究竟如何。這個方法通常能讓你學到很多，例如學會分辨每個步驟的臨界點。

奠定基礎

有一些簡單方法可以讓你掌握如何用烘焙賺錢。「在社區裡賣烘焙食品、報名參加各種活動和慶典，還有捐贈給當地慈善活動，」羅貝切莉説道。找個周末聚會施展你的烘焙技藝，製作精緻可口的糕點。你可能會很驚訝朋友居然願意付些錢幫你分擔花費和時間成本，當然他們也是為了要吃你辛苦做的糕點。

下一步就是拓展事業範圍。你可能會發現親友總是對某個作品滔滔不絕。只要在Etsy網路商店就能輕鬆開店、販賣商品！

沒有錯，你可以在Etsy上販售自家廚房烘焙的食物。但你必須先做點功課，了解當地法律的相關規範。不過只要快速搜尋一下，就會發現平臺上有很多人都經營得不錯，他們都成功將食品賣給世界各地的人。

更上一層樓

在某個時候，你會發現家裡的廚房早已應接不暇。原先的得力助手KitchenAid攪拌機開始負荷不了連續不斷的虐待──應該説工作量。是時候升級成20夸脱Hobart攪拌機了。但這時你還有很多選擇。坊間有很多專業的料理空間供你租用，讓你在裡面經營蒸蒸日上的網路事業。或者，你也可以決定自己開間法式點心店。説不定哪天你會因此成名，就像傑米・奧利弗（Jamie Oliver）一樣，最後不但主持電視節目，還擁有數間餐廳。「一開始，請準備一顆迎接很多失敗的心，」她提醒。「不過沒關係！這些錯誤將值得回味。」

編織

編織的歷史源遠流長，在大家心中它從未真正凋零。往繁忙的街道一瞥，你很可能就會看見某種樣式的針織衣物。當然，大多數針織品都是由笨重的機器所量產。但2018年的今日，技藝精湛的編織達人依舊存在，還有活躍的編織社群提供支援。「任何藝術、時尚、建築和各種新興領域始終都需要織品藝術家，無論這些人受過正式或非正式的產業訓練，」德國柏林電子及紡織品進修學校（ Electronic + Textile Institute Berlin ）創辦人維多利亞・波莉克說道。

起步

編織以及相關的種類豐富又多元：挑個你感興趣的領域潛心研究，並學習術語。「有些專業人士會從圍巾製作來教導針織新手，因為其中包含了如何起頭、兩個基本的編織步驟以及如何收尾，」專業設計師喬琳・莫斯里建議。「也有些專家建議針織新手從一些自己感興趣的簡單專題做起。」

兩種學習方式都能為針織術語奠定基礎。「這是針織初學者必學的基礎知識，學會後才能進一步學習，遇到問題時才知道怎麼問，」莫斯里說。「初學者必須知道起針（ Cast on，CO ）、下針（ Knit，K ）、上針（ Purl，P ）和收針（ Bind off，BO ）等術語，其他術語都是以這些為基礎，需要用到時再學即可。」

至於如何開始學習針織藝術，莫斯里提到其選擇十分廣泛，就像他們從前一樣。「技藝是代代相傳的，」她說。「社團或課堂上會教，朋友或是通勤時火車上的陌生人也都可以教你。可以是同儕教學，也可以是自學，學習過程中有許多工作坊、協會、才藝班能給予支援，或是以其他方式提供協助。」

環環相扣

一旦你投入時間學習這項工藝後，就有很多用興趣賺點小錢的機會。「有些擁有作品的人，會在一些商店或市集中販售，」莫斯里說。「設計師會在網路上販售編織圖，或是印出來賣，甚至以個人設計師或設計師群的方式出書販售，也有些針織行家賣自己製造的工具，包括勾針和紗線。」

莫斯里補充道：「人們喜歡聽作品背後的故事或是了解創作者。別忘了分享、分享、再分享故事！讓大家知道作品靈感從何而來，製作過程中的想法，還有你的故事。一個人投入時間所賦予作品的價值，正是作品的賣點，否則就只是一堆交織纏繞的紗線。」

——卡里布・卡夫特

小訣竅：把流行文化融入你的設計中，你的作品就能輕鬆登上Etsy 常見搜尋名單，獲得穩定的商品販售量。

The Cosplay Gateway

角色扮演之路

文：赫普・斯瓦迪雅
譯：Hannah

如果有一種嗜好能幫你精通各項Maker技能，那麼非角色扮演（Cosplay）莫屬了。不管是傳統的服裝製作、數位設計與製造，抑或是電子原型製作，都能為角色扮演增添色彩，端視扮裝者（Cosplayer）覺得有無必要。角色扮演已成為全球化產業，而且愈來愈受歡迎，不但有非常棒的社群網路資源，同時是個幫助你豐富技能的極佳領域，這些技能的應用範圍都相當廣泛。

紡織品

織品的處理方法不容易。你不但要將2D物件塑形成3D外型，還要學會斜裁（bias）到緯紗（weft）等織法，織品工藝中有各式各樣的工法，一時之間實在難以明辨。若將織品應用在角色扮演以詮釋動畫人物，這門工藝將會給你更多挑戰，因為動畫角色的服裝從來都不科學。

「我做過不少縫紉，」尚恩・托森（Shawn Thorsson）說道。他精通服飾製作，同時也是《MAKE》雜誌《DIY道具和盔甲服飾》（Make: Props and Costume Armor）（暫譯）一書作者。「我有一臺很普通的塑膠製現代縫紉機，機器上有一堆選項及設定，我一點也不想假裝了解它們，還有一臺動起來像野獸，笨重又古老的工業用縫紉機，那臺機器可以打穿半英寸的多層皮革。」

毫無疑問地，縫紉一點都不容易。好消息是你仍然可以靠自學獲得足夠的技能來製作專題，並藉此判斷你是否熱愛手作工藝。「我以製作道具服裝維生，諷刺的是，我超級討厭縫紉，」托森說。「我的技術全是自學，所以我對實際的縫紉術語一竅不通。我只是把服飾拆東拆西，然後再拼裝回去。」

縫紉基礎

圖書館的資源相當豐富，舉凡歷代服飾研究、縫紉練習到打版繪製教學等應有盡有。有些圖書館甚至可出借樣板、舉行交流活動，還會開辦各種有關織品藝術的社團及聚會。YouTube上也有很多教學影片，還有許多線上課程會分享布料種類、樣式和年代。此外，在地的織品店還能親自教導新技術、提供課程和建議等實際指引。另外，別忘了零頭布的箱子，找找看有沒有物美價廉的飾布和包邊布。大多數織品店都有年度特賣，而且價錢便宜，這可是省錢的大好機會，把這件事納入你的年度例行計畫吧！

織品只是挑戰的一半，通常你還必須複製盔甲類的作品。學習使用有伸縮性的乙烯基類塑膠和皮革等材料，有助於你擴展自己能創作的道具種類。EVA發泡棉是另一項需加以掌握的重要材料，你必須學習新的黏著方式和加工方法才能可使用。網路對這個領域來說會是相當寶貴的學習來源，像Kamui Cosplay（ kamuicosplay.com ）以及Punished Props（ punishedprops.com ），這些網站上都有非常詳盡的教學，教你如何使用這些材料；此外還有許多書可供參考。

許多Makerspace會舉行縫紉聚會，也會舉辦工作坊。這都是創造實地交流的好方法，你也可以查詢自己家附近的相關聚會。聚會上通常會有以角色扮演為主軸的研討會或小組討論，你會學到新的製作方法、建議和技巧指點，以及創作靈感。

CAD 電腦輔助設計與 3D 列印

數位製造為道具、服飾和時尚界大大提升效率。「自從我找到負擔得起的選項後，幾乎所有的零件和原型設計都用3D列印和CNC雕刻等數位製造技術來完成，」托森說道。「我還是很喜歡手工製作及雕刻，但是手工仍不及機器人為我完成這些工作的速度及精準度。現在有很多可用的免費建模軟體供你選擇，還有數不完的線上教學課程來幫助你入門。」

安努·威佩特（ Anouk Wipprecht ）是一位科技時尚設計師，以精美的3D列印服裝聞名。她也對這些觀點表示共鳴：「過去，我用手工具親手塑形與雕刻，再搭配AB膠及飛行工具使用的環氧樹脂來製作。現在，只要按下按鈕就能複製任何複雜的幾何形狀，還可讓圖形對稱呈現，不用花好幾個小時雕刻。」

不過，就算你沒有這些設計技能，也可以善用印表機的功能，讓它搖身一變成道具製造機器。網路上有一大堆各種角色的配件檔案。學會列印步驟後，你可以做做實驗，把幾個檔案相互結合，打造屬於自己的訂製款。

1.《異塵餘生 4》僅存者動力盔甲，由尚恩·托森製作。
2. 索拉·納德的關節型機器人服飾。

赫普·斯瓦迪雅
Hep Svadja
Adobe Capture 產品經理，曾任《MAKE》雜誌攝影師，閒暇時化身為太空愛好者、金屬製造者和哥吉拉迷妹。

1

2

3

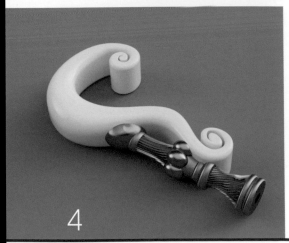

4

「數位製造最棒的地方在於網路上已有豐富的3D模型供你使用，」托森説道。「即使你想扮的服裝沒不太熱門，很可能有人早已在一些論壇或網站上發表可直接列印的配件。」

數位知識寶典及相關資源

The Replica Prop Forum: therpf.com
Thingiverse: thingiverse.com
My Mini Factory: myminifactory.com
Pinshape: pinshape.com
Cults: cults3d.com
Do3D: do3d.com
Yeggi: yeggi.com

網路上有很多3D設計學習平臺可供選擇，其中有幾個平臺為Maker提供免費或價格優惠的方案。 Tinkercad是個以網頁為基礎的免費設計程式，容易上手而且功能強大，足以應付一些重要的設計。Fusion 360為付費程式，但他們為業餘愛好者和新創公司提供免費授權。以上兩款程式都有讓你快速上手的使用説明。

SketchUp提供的免費非商業版本SketchUp Make，讓你學習基本操作，還可轉檔至SketchUp Pro。

「在我的店裡，只要是能到手的免費軟體，每一種我都會用，」托森説。「SketchUp、Blender、MakeHuman這些軟體非常好用（當我需要一個簡略的人體來進行數位測試時），在確認模型是否防水、是否準備好進行列印或雕刻時，過期的NetFubbb軟體就很好用。這些軟體都很有趣，也都有龐大的網路社群，裡頭有許多課程以及學習過程中能為你解惑的使用者。」

微電子學

許多角色扮演的構想僅靠製造技術就能履行，但若你想添加特效，像是讓「無限原石」（Infinity Stones）發光，或者是讓光劍在揮動或擊中東西時發出聲音，又該怎麼做呢？答案都在Maker電子學的美好世界中。

「微控制器太酷了，」索拉·納德説。她的機器人服裝在今年的Maker Faire Bay Area搶盡風采。「我在工程學院的進階設計課程中製作了一個雷射發射器和控制單元，從此我就愛上了微控制器。我還靠自學學會如何使用STK500，隨後進入這個領域對我來說就變得輕鬆許多。」

許多平臺和社群都很適合初學者使用，因為可以透過教學影片和範例完成多數專題構想。它還有個附加好處：實際動手做後，你可以學到如何讓開發板發揮最大作用。「任何讓你練習寫微控制器程式的機

5

6

會都對你有幫助,」納德說。「覺得無法突破是很自然的,同時你會發現四核心處理器這類東西的美好之處。」

上工囉

近年來,硬體開發技術需求龐大,但這不僅止於科技領域。許多學校、Makerspace 和教育計劃都需要相關教師。藉由記錄自己的製造過程,來學習撰寫電子相關內容的能力,能適用於技術寫作和文獻編集。硬體相關寫作流暢甚至也能用在藝術領域,製作技術圖解時就能用到。

假如製作過程中,硬體及軟體錯誤的問題已經大到需要慢慢修正,他們甚至會花上整天埋頭苦幹。這就是完整的製作紀錄派上用場的時刻了,因為它們就相當於履歷,能說明你是如何克服製作困難。應徵一般技術職位若具備這些多元的技能背景會讓你脫穎而出。「面試工作申請者時,我傾向尋找內在動機為喜愛實驗、勇於打破框架的人,以及他們是否視科技為生活的一部分,」於資安產業專職人才招募的馬修・錢伯斯(Matthew Chambers)說道。「這與文化適合度有關,我們藉此發掘申請者的興趣,判斷他們對科技的好奇心。」

——赫普・斯瓦迪雅 ◗

選擇主控制板

在角色扮演和其他領域中,你使用的「主控板種類」會決定開發環境。很多人從 Arduino Uno 開始,因為它有強大功能、專屬的社群,還有大量的現成專題可供利用或加以改造。Circuit Playground 是專門設計用來當作學習工具的,開發板上有很多積體感測器,是入門的聰明選擇,而且完全不需要焊接。現在也有許多小型開發板能在各種程式語言平臺,能讓作品完美隱身於設計之中。Gemma 開發板的設計就是方便縫紉,其他開發板像是 Teensy 就非常適合藏入 3D 列印品。我們的開發板指南(makezine.com/comparison/boards)是相當實用的資源,能協助你選擇適合的硬體。

1、亞文・賽特雷特的大槌,電動遊戲《愛絲卡&羅吉的鍊金工房:黃昏天空之鍊金術士》,由費歐拉・亞特納製作。

2.Subject Delta 的「大爸爸(Big Daddy)」和「大姊姊(Big Sister)」,《生化奇兵2》,聖地牙哥國際漫畫展。

3. 萊菲瑟特的羅盤,《緋夜傳奇》,由費歐拉・亞特納製作。

4. 夏露羅蒂最強的權杖,圖為權杖的 3D 彩現(render),《夏莉的鍊金工房~黃昏海洋之鍊金術士~》。

5. 女裝版南瓜王傑克・史克林頓和男裝版莎莉,以及他們的狗零零(Zero)。在角色扮演中,以性別轉換(Genderswap)的方式來呈現某個角色也是添加創意的方法。

6. 半藏和源世,《鬥陣特攻》。

委託製作

當你的技術純熟後,你會發現很快就有人來委託你製作。定價時請確認你已做好成本分析,不只是材料費用,連你的工作時間也要算入。假如你還無法製作全套服裝,你可以專做容易量產的配件,像是皮革腰帶或是臂鎧。

縫製角色扮演服裝是建立事業的一種方法,然而這些技能通常也可應用在舞會及婚禮場合,讓你得以製作產品並販售。經營網路銷售代表你可以服務不同地區的客戶,一整年都是婚禮季。以臉書和 Instagram 為行銷目標,有助於你的品牌獲得關注。只要確認時間安排妥當,讓婚禮交貨季不會和漫畫季重疊即可。

販售原料也是門聰明生意,銷售布樣獨特的 1/4 碼套布給製作被子的人是個不錯的點子。若你會使用刺繡機,客製貼花也有不錯的市場。縫紉用品同樣也能帶來商機,像是不同尺寸的彩色拉鏈組,或是各種配色組合的鈕扣或扣件。可以購買批發貨品,再重新包裝成套件包於網路商店平臺 Etsy 販售。

黑人女孩的程式教室

Programmed for Success

BLACK GIRLS CODE
讓世界聽見更多元的聲音

文：赫普・斯瓦迪雅　譯：Hannah

赫普・斯瓦迪雅
Hep Svadja
Adobe Capture 產品經理，曾任
《MAKE》雜誌攝影師，閒暇時化身
為太空愛好者、金屬製造家和哥吉
拉迷妹。

金伯莉·布萊恩特

金伯莉·布萊恩特（Kimberly Bryant）從未想過展開科技教育有關的改革。但是，當她12歲的女兒凱（Kai）表示對程式設計有興趣，卻發現這堂多數為男生的課程有許多令人失望之處，布萊恩特決定挺身而出，翻轉這個不平等現象。

原先，布萊恩特是希望在週末找來凱的一群朋友，教導他們如何寫程式。「第一次試上課時，我們發現有關讓女孩接觸電腦科學這件事，社會層面並沒有滿足這個需求。」她說道。

受到自身經驗啟發，布萊恩特於2011年四月成立「Black Girls Code」，宗旨為透過科技領域、工作坊、課程及社群協力，教導有色女性青少年和兒童編寫程式。七年後，這個非營利組織已在加利福尼亞州奧克蘭及紐約成立總部，目前幫助了超過一萬名學生，並在其他13個州及南非成立相關計劃。女孩們不但有機會接受軟體工程教育，也能接觸網站、遊戲設計、應用程式開發、3D列印、機器人和VR等概念及實作。Black Girls Code持續擴展新契機，他們最近在Google紐約辦公室創立了科技探索實驗室。

踏上不思議旅程

布萊恩特成長於1970年代的田納西州孟斐斯。那個年代，電腦科學根本不是女人能想像的，尤其是有色女性。「人們根本不期望女性成為科學家，」她說道。

然而中學時的課程引起她對科學的喜愛，布萊恩特說：「我似乎被這些課程迷住了，它們讓生物學和生物化學變得活潑。」

高中時，輔導員發現她的數學及科學天分。因而鼓勵她到范德堡大學研讀工程學，那是一個她從未聽過的領域，更別說工程學包含許多一般禁止女性接觸的裝置及機器。「光是想到要學會這些機械的運作原理，以後還要為它們編寫程式及安裝，一切都很令人驚慌失措，」她說道。「但同時我也感到興奮，我剛進大學的時候，電腦科學和個人電腦才剛起步，我們乘著這股科技革命浪潮學習新技術。」布萊恩特在為生物科技巨頭基因泰克（Genentech）和諾華（Novartis）做專案管理前，一直都在製造產業管理重工程系統。

建立支持體系

布萊恩特相信建立聯結是成功的不二法門。在范德堡大學時期，一場與電機工程高年級女生的對談，讓他們變成師徒般的關係，也形成一個互助網。「這個際遇讓我開始和其他社群的電腦科學家和工程師聯繫，也就是其他有色人種學生，這也是我如何在大學四年中生存、甚至發光發熱的原因，」她說。

成立Black Girls Code主要是要為她女兒和其他女孩而建立支援性的平臺，好讓她們「能找到真正興趣相投的年輕女性族群，」布萊恩特說。

「我想，如果你是一位身處男性主導產業的女性。擁有一群經歷及觀點相近的夥伴、能在領域中結伴同行的人，是格外重要的一件事。」

社群是這個組織的動力來源：舉凡週末教導女孩們的志工、帶孩子來參加工作坊的父母，乃至於在自己學區和課堂上介紹其他女孩參與Black Girls Code計劃的教育工作者。投入這個組織的方法就像使用我們的線上資源一樣容易，只要登入blackgirlscode.com，填寫志工申請表即可。或者，你也可以請你的公司資助我們舉辦的其中一個工作坊。「只要伸出援手，」布萊恩特說。「找到一個你可以發揮自身技能幫助女孩們學習的方法，並協助他們成為真正的領導者。」

多元的聲音

矽谷雖然鄰近奧克蘭和聖荷西，多元發展方面卻仍有限，儘管這些大城市的有色人種為數眾多。隨著科技產業移入東灣，奧克蘭在推行多元勞動力方面，成效也在一般水準之上。根據奧克蘭大都會商會的《科技趨勢報告》，2015年奧克蘭科技領域勞動力有11.7％的非裔美國人。相較之下，舊金山和聖荷西則分別為1.9％和1.3％。這一部分要歸功於Black Girls Code、The Hidden Genius Project和Hack the Hood等計劃。不論性別或膚色，這些計劃都相當鼓勵青年族群探索並學習科技方面的技能。

布萊恩特強調為何Black Girls Code對有色人種團體如此重要：「當一般人想到電腦科學家，通常不會想到有色人種女性。」她繼續說道：「更不會想到黑人女性。而他們既定印象的電腦科學家都和上述相反。」Black Girls Code試著轉變這種刻板印象，「Black Girls Code做的一切正帶來革命性的改變。沒錯，有色人種女孩，特別是黑人女孩，她們都會寫程式。她們是科技人才，是引領未來科技的人。這就是人們對於科技人才和電腦科學家該傾聽的新聲音。」

多數人依賴科技的世代也使得這項觀點更加重要。「現在的人可以用iPhone或筆電做事，這是我那年代的人畢業時都沒想過的，」布萊恩特說道。但這只是科技和工程領域在未來發揮功能的開始，「當我們進入下一個工業科技革命，能和多元創作者集思廣益非常重要，」她說。「我認為除了加入女性，同時也要歡迎不同膚色的創作者，因為世界是由多元族群構成。如果我們在打造某項科技以及使用之始，便無法聆聽多元的聲音，我們將錯失更多創新科技的誕生。」 ◉

Head of the Class

生活科技教室
歐文頓高中的MAKER SPACE
成為學生迎向未來的基地
文：克萊兒・惠特默　譯：張婉秦

克萊兒・惠特默
Clair Whitmer
是《MAKE 雜誌》數位產品部門的主管，並帶領 Maker Share 投稿部門的發展。

在Maker Share作品庫makershare. com/showcases/berbawy-makers-class-act可以欣賞歐文頓高中學生在 Maker Space的作品。
想要在你的學習社群中創建像歐文頓高中一樣的計劃？歡迎前往我們新的《MAKE 雜誌》工作坊註冊，讓教育工作者亞當・坎普（Adam Kemp）傳授「如何建立學校Makerspace？」。

校園中的生活科技教室Makerspace是最熱門的教育科技潮流之一。但是除了這好聽的名字，有多方面關於如何設立及評估其影響的意見，尤其是如何讓Maker教育符合現今教育標準的期望。其中兩個最常見的問題，分別為學校是否應該要有專用的Makerspace，還是將設備置於學校各處。管理單位也爭論著，一開始的目標是用專題式學習來強化課程，還是挑戰人們所認為的傳統學習方式。

克莉絲汀・貝爾巴維（Kristin Berbawy）是歐文頓高中的老師，也是該校Maker Space的創辦人。她看起來似乎不受那些理論約束，因為心中有一股信念驅使著她：只要把工具交給孩子然後閃一邊，他們就會創造出酷炫的成品。她打造的Makerspace生活科技教室位於加州費利蒙，現有設備包括一臺雷射切割機、一臺CNC雕刻機、一臺電腦割字機、16臺3D印表機，以及一間擺放電子零件的迷你倉庫。這是貝爾巴維老師花費了五年的時間建立人脈、以物易物、宣傳理念，經歷重重困難才打造出的教室，當中有許多學生已經在高中被她糾纏了四年。

「B小姐會和人聊天、結交新友，」17歲的阿迪蒂亞・羅瑟德（Aditya Rathod）簡短形容貝爾巴維。他參加今年的Maker Faire，這是歐文頓高中的第五次參展，他展出用捐贈的Oculus VR裝置創作而成的小精靈遊戲（Pac-Man）。他在展會上最棒的其中一個時刻，就是一位Oculus工程師注意到他的專題，並教導他一些訣竅。

貝爾巴維老師教導三個科目：工程設計入門、工程原理，以及電腦科學入門。但是「建立人脈」大概是她傳授最重要的技巧。和Oculus一樣，這個計劃獲得了補助及捐贈，而貝爾巴維老師更善用鄰近矽谷的地理優勢。

她準備了一整年的時間帶領學生參加Maker Faire，而這些孩子也很驕傲能成為參展中最龐大也最大膽的高中團隊之一。「在Maker Faire裡，我們覺得自己很特別，」17歲的詩蒂・薩滿桑達朗（Shruthi Somasundaram）說道。「我們有最酷的專題。」薩滿桑達朗與夥伴秀媲・貞（Shubhi Jain）帶著她自動白板清理機（Erase-a-Bot）一起參加Maker Faire，這是一臺受她的數學老師啟發的擦白板機器人。

累積學生的作品集

　　這群學生也展現對開源科技的真心投入，以及分享他們作品的渴望。「如果你創作了一樣東西，卻不能傳達出來讓世界知道，那麼製作意義何在？」羅瑟德説。

　　為強化這個概念，貝爾巴維老師要求今年所有的學生在Maker Share上建立自己的作品集，並把參加Maker Faire的專題QR code放在現場攤位的海報上展示。貝爾巴維老師專注於幫助學生發展書寫與視覺化文件編輯的技巧，這部分仰賴她所建立的學生導師制度，能讓Makerspace配備人手，並協助實作學習。

　　18歲的高年級生科迪・帕霸（Cody Pappa）表示這就是他如何獲得操作設備的經驗。「我迷上了這些機器，然後年長的大人教我如何實際使用它們。我原以為我知道如何焊接……但其實我根本就不會，」他笑著説道。帕霸覺得他在課堂上學到最重要的是「迭代工程」（iterative engineering）。他説貝爾巴維老師要他們思考為何有些專題會失敗，然後再次嘗試。帕霸今年秋天會去聖地牙哥州立大學就讀機械工程。

打造老師的學習社群

　　貝爾巴維老師下一個挑戰，是與更大範圍的教育工作者「學習社群」分享她所學到的事物。她用推車載著一臺3D印表機穿梭各所附屬學校來招收新生。但她同時仍持續努力增加課堂上的多樣性：班上的女生比男生少，而且非裔美國人與西班牙學生要比白人或亞洲人更少。她相信關鍵點是愈早接觸學生愈好。「等到他們進入高中就太遲了。因為他們會認為自己做不到，等到他們覺得自己不行，他們就會轉而做其他事，」她表示。

　　因此，貝爾巴維老師現在將精力從組織學生轉而投放在組織她的老師同儕：她目前嘗試在自己的地區內建立學習社群，分享她對於設備的知識及教學技巧。她夢想能讓她的Makerspace變身其他老師和學校都能使用的租書圖書館。

　　同時，她的高中學生們正踏進這世界，他們擁有令人稱羨的自信心，有充分的能力展現他們的技巧，加上百折不撓的毅力，更能從容自在表達自我和他們的專題。他們都是Maker。⊘

貝爾巴維老師・法森・裘拉吉拉與賽・凱薩里 克莉絲汀・貝爾巴維

貝爾巴維老師・羅瑟德眼斯達特・卡比亞的VRcade 阿迪蒂亞

詩蒂・薩爾桑達朗與琪秀娣 負的白板清理機

科迪將線材放入3D印表機 薩爾桑達朗與琪秀娣

Hep Svadja

Maker 焦點：
布蘭登・金姆森

　　18歲的**布蘭登・金姆森**是貝爾巴維老師的計劃裡其中一位傑出的高年級生。他帶著以音樂家傻瓜龐克和棉花糖為靈感的頭盔參加今年的Maker Faire。「我的棉花糖頭盔説不定比他的好，」談到那位EDM製作人兼DJ的造型，金姆森這麼説。

　　可見金姆森非常有自信。他剛贏得NCS Meet of Champion的撐竿跳項目，且即將在秋天前往加州州立大學沙加緬度分校加入田徑隊，並試著力拼奧運。噢對了，他還要就讀工程學系。

　　金姆森在四年級的時候被診斷出失讀症與注意力缺失症（ADD）。還沒遇到貝爾巴維老師之前他就已經習慣由媽媽進行在家教育。無論如何，貝爾巴維老師還是邀請他加入她的班級，並與正規的行政管道協調，好讓他成為計劃的一員。那時貝爾巴維説：「只要你來，我們會讓這件事可行的，」金姆森談道。

　　貝爾巴維老師給予了他社群和諸如Maker Faire的目標，幫助他將從前醫生診斷的障礙化為力量。「因為注意力不足過動症（ADHD），我可以極度專注。當我拿到一個新的專題，我會忘了吃飯或睡覺，」他説道。「我很專注。我會試著不讓專題和訓練半途而廢。我信任這個過程，而且我知道這不是為了一時的小確幸。」

　　他甚至獲得在Mota無人機工廠「研發與客戶服務」部門的工作。「每個人都背負著一個沉重的十字架，而我的是失讀症。我只希望其他孩子能有和我一樣的機會。」

The Bright Stuff

Becca Henry

讓孩子發揮天賦的 5個原則

文：蜜雪兒・穆拉托里　譯：編輯部

蜜雪兒・穆拉托里博士
Michelle Muratori
約翰霍普金斯大學傑出青少年中心的資深顧問兼研究員，同時是該校的教育學院的教學人員。

如果你家有個聰明小孩，或是他／她有一顆好學的心，那麼他們的學校生活理應過得一帆風順。因為學校是一個充滿參與式學習的環境，身邊有著老師、同儕能給予支援。

然而，過去十五年我在約翰霍普金斯大學傑出青少年中心，與這些資優青少年學生和家長們相處後（cty.jhu.edu），我發現其實學校充斥著各種挑戰，這不僅嚴重影響了他們的學術表現，甚至也重挫了社交及情緒健康。

幸運的是，要協助這些天資聰穎的孩童來發揮所學，家長和教育者扮演著不可或缺角色。以下是一些協助聰明孩子在課堂上學得更有自信的技巧：

我的七年級孩子喜愛數學和科學，他的成績單卻是另一回事。

你的孩子可能被學校教學模式束縛住，他需要另一種適合他的學習方式。試著從學校尋找他們能夠接受什麼挑戰，除了加速孩子的學科，還能為他們安排充實活動，例如獨立專題探究，能讓他們針對單一主題深入研究。

明明是愛學習的小孩，卻覺得上學是件無聊的事。

參與動手做專題可以幫助青少年學習者培養興趣，加深知識，並活化他們平日所學的學科。做中學能激發學生的想像力、擁有參與感，還能與知識建立連結。

我的五年級小孩說他不想上學，因為身邊沒朋友。

讓孩子和有共同興趣的同儕建立關係。如果你的孩子喜歡數學，鼓勵他們參加學校的數學社團，或是校外學術活動，像是數學比賽和夏令營。

我的小孩有志氣、愛寫小說，但寫作成績是 B 就讓他氣憤不已。

許多聰明的學生往往會對自己要求過高，這反而會導致他們深陷病態的完美主義。為了要幫助他們脫離追求不切實際的標準，你需要為孩子建立標準的界線、培養變通性，同時讓他體認人無十全十美。

我的六年級孩子精通二戰歷史，卻時常忘記交社會作業。

執行功能是一種能透過學習獲得的技能。不妨與你的孩子和老師討論，共同想出一些解決方案。例如在他們的手機上設置寫作業提醒鬧鐘。藉由讓孩子參與問題解決、為自己負責，他們比較能堅持並成功解決。

若對上述文章有疑慮，請向學校單位或獨立顧問機構詢問專業建議。

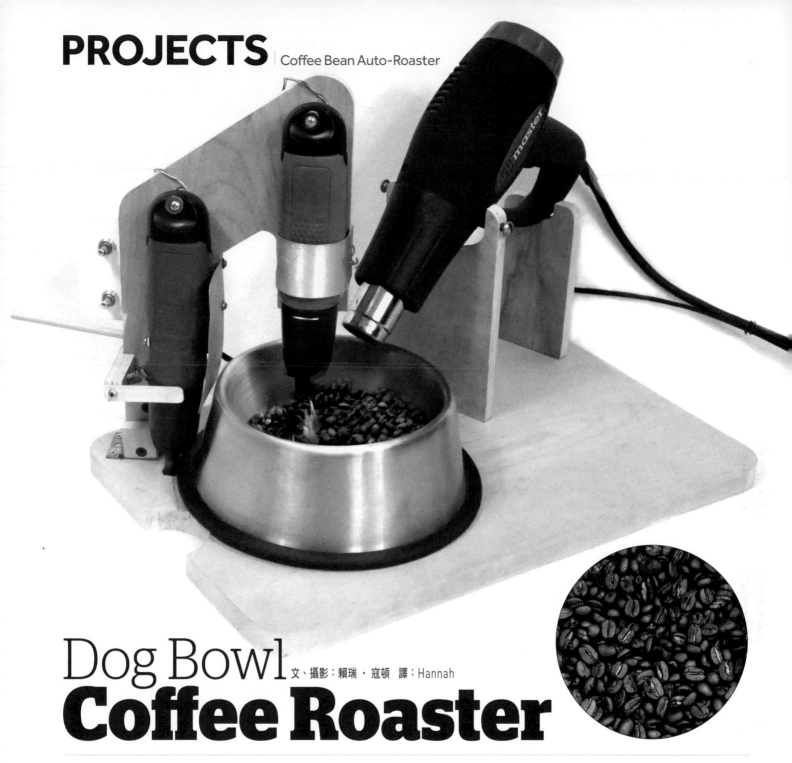

Dog Bowl
文、攝影：賴瑞・寇頓　譯：Hannah
Coffee Roaster

毛小孩飼料碗變身烘豆機

用軸承、電動螺絲起子與熱風槍烘出自家咖啡香

賴瑞・寇頓
Larry Cotton
終於從電動工具設計師一職退休了。熱愛的事物有電子產品、音樂、樂器、電腦、鳥類、他的狗和他的妻子，以上非按順序排列。

現在流行的自家烘焙咖啡，已經在 Google 被熱搜好幾百萬次。當然，搜尋結果也為之驚人。看來除了自己烘豆，再也沒有其他方法能喝到更新鮮的咖啡了。現在要買到未烘焙（綠色）的咖啡豆也相當容易，網路上就有好幾百個販售來源，偶爾還有當地生產的咖啡豆。

以下這臺便宜、快速又耐用的機器可以成功烘焙不少的咖啡豆。整個裝置僅由五個主要零件組成：兩支9美元百得電動螺絲起子、一支15美元熱風槍、一臺便宜的電源供應器，當然還有狗碗（新的）！

網路上有各種用熱風槍／狗碗來烘豆的文章，而本專題為兩者的升級版。只要一兩天就能輕鬆完成，完成後便可進行快速烘焙。最棒的是，烘豆過程為全自動，每顆咖啡豆表面保證都能受曝於相同熱度。

專題用到的主要零件一共不到50美元。其餘多數材料都能在品項齊全的店舖取得。你可以在 Amazon 買到電動螺絲起子和電源供應器，在 Harbor Freight 買到熱風槍，而 Walmart 有販售很棒的狗碗

時間：
一個週末

難度：
簡單

成本：
50～70美元

材料

- » 狗飼料碗，不鏽鋼材質，有防滑墊 Gofetch 33.81oz，Walmart # 553515742
- » 熱風槍 1,500W，Harbor Freight # 96289，也可用其他熱風槍，但組裝需要隨之調整
- » 電動螺絲起子（2）百得 AS6NG，可至 Amazon 或 Target 購買
- » 木板，12"×18" 如 1×12 松木或 ³/₄" 合板
- » 專題用合板：¹/₂"，2'×2' 以及 ¹/₄" 一小塊
- » 廢木塊
- » SPST 單軸單切開關（2）Gardner Bender GSW-25 或類似的單軸單切開關
- » 小片 ¹/₁₆"Formica 美耐板 或類似材料
- » 滑板軸承，608 規格，22mm 外徑／8mm 內徑 等同指尖陀螺使用的軸承；可用 4 個 ⁵/₁₆"×³/₄"×¹/₁₆" 華司代替
- » 平頭螺栓，長 ⁵/₁₆"-18×1"
- » 電源供應器／變壓器，115VAC／6VDC／3A Amazon # B00P5P6ZBS
- » 單芯銅線，12ga，約 18"
- » 木釘：³/₈"×4" 和 ¹/₄"×10"
- » 鉸鏈，1¹/₂"×1"，以 4 螺絲固定
- » 鋁條，厚度 ¹/₁₆"：大小為 ¹/₂"×4" 和 1¹/₂"×4"
- » 鋁片（防水），2⁵/₈"×4"
- » 彈簧
- » 各式螺絲、華司和螺帽
- » 夾線釘（3 或 4 個）
- » 電子線，22ga，約 4' 即「電話線」
- » 熱縮套管或絕緣膠帶
- » 桌上型小風扇（可選用）我從 Walmart 買 Mainstays # 34136721
- » 綠咖啡豆

工具

- » 槌子，一般或橡膠槌
- » 鉗子和斜口鉗
- » 板金剪刀
- » 剪刀
- » 螺絲起子
- » 鑽具和鑽頭，附 ⁷/₄" 扁鑽
- » 切削油
- » 沉頭鑽頭，¹/₂" 或 ³/₄"
- » 鑽床（可選用）
- » 砂輪機和砂紙，粒度 120 和 320
- » 銼刀和／或研磨機
- » 線鋸機 附有木材和鋁材用的線鋸片
- » 帶鋸機（可選用）附木材用的帶鋸條
- » 烙鐵與焊錫
- » Dremel 旋轉工具（可選用）附 ¹/₄" 直刀
- » X-Acto 筆刀 附全新 11 號刀片
- » 虎鉗
- » 中心衝
- » 繪圖範本尺
- » 大量削尖的鉛筆、橡皮擦
- » 膠帶

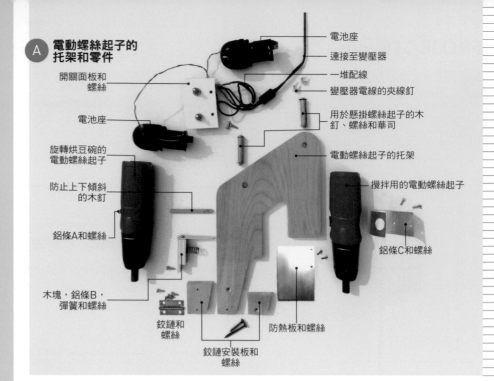

A 電動螺絲起子的托架和零件

開關面板和螺絲
電池座
旋轉烘豆碗的電動螺絲起子
防止上下傾斜的木釘
鋁條A和螺絲
木塊，鋁條B，彈簧和螺絲
鉸鏈和螺絲
鉸鏈安裝板和螺絲
防熱板和螺絲
電池座
連接至變壓器
一堆配線
變壓器電線的夾線釘
用於懸掛螺絲起子的木釘、螺絲和華司
電動螺絲起子的托架
攪拌用的電動螺絲起子
鋁條C和螺絲

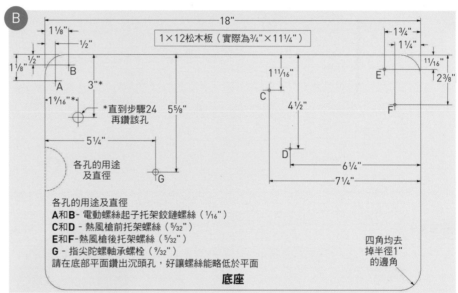

B 18"

1×12松木板（實際為³/₄"×11¹/₄"）

1¹/₈"
¹/₂"
1¹/₈"
¹/₂"
B
A
3"*
1⁹/₁₆"*
*直到步驟24再鑽該孔
5⁵/₈"
5¹/₄"
G
1¹¹/₁₆"
C
4¹/₂"
D
1³/₄"
1¹/₄"
¹¹/₁₆"
E
2³/₈"
F
6¹/₄"
7¹/₄"
四角均去掉半徑1"的邊角

各孔的用途及直徑
A和B- 電動螺絲起子托架鉸鏈螺絲（¹/₁₆"）
C和D- 熱風槍前托架螺絲（⁵/₃₂"）
E和F- 熱風槍後托架螺絲（⁵/₃₂"）
G - 指尖陀螺軸承螺栓（⁹/₃₂"）
請在底部平面鑽出沉頭孔，好讓螺絲能略低於平面

底座

（真的很棒，這個碗有橡膠防滑墊且為圓角設計）。

假如你住的地方附近有咖啡烘焙店家，問看看他們能否賣一些綠咖啡豆給你。若他們不賣，Amazon 會很樂意在你讀完這篇文章前就把咖啡豆送到你家門前。好吧！也許沒那麼快，不過你得先訂購 5 磅肯亞 AA 咖啡生豆，接著開始打造烘豆機囉！

圖 **A** 列出了用來持續翻攪豆子的大部分零件。將這些零件組裝後，會安裝於木頭底座，底座需事先做好。如果你想為木製零件塗上油漆或透明漆，請在組裝前就完成。

製作木材零件

1. 用 18" 的 1×12 松 木 板（³/₄"×11¹/₄"）或 ³/₄" 合板製作底座。盡可能按圖 **B** 內標示之 x－y 距離來精確鑽出 A－G 孔。

到步驟 24 之前，先別鑽有標示星號（＊）的孔。

2. 請在底座的底部平面上鑽出沉頭孔 C、D、E 和 F，以便鎖進 #8×1¹/₂" 平頭木螺絲。而沉頭孔 G 要讓 ⁵/₁₆" 平頭螺栓的螺栓頭鎖入後，略低於底座的底部表面。請將螺栓鎖入孔裡，再把滑板軸承或指尖陀螺軸承套入螺栓末端。假如找不到文內指定的軸承，可用四個 ⁵/₁₆"×³/₄"×¹/₁₆" 平華司堆疊替代，螺栓不能突出軸承（或華司）。若有突出，將螺栓旋出來一些，但螺栓頭仍要略低於平面，也可以／或者磨掉多餘

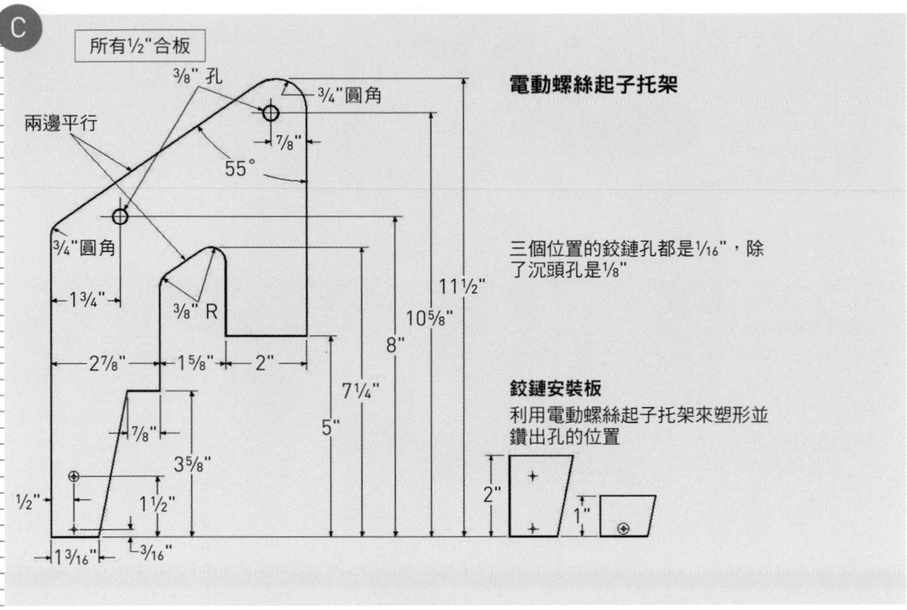
C
所有½"合板
電動螺絲起子托架
⅜" 孔
¾"圓角
兩邊平行
⅞"
55°
¾"圓角
1¾"
⅜" R
11½"
10⅝"
8"
2⅞"
1⅝"
2"
7¼"
5"
⅞"
3⅝"
½"
1½"
1³⁄₁₆"
³⁄₁₆"
三個位置的鉸鏈孔都是¹⁄₁₆"，除了沉頭孔是⅛"
鉸鏈安裝板
利用電動螺絲起子托架來塑形並鑽出孔的位置
2"
1"

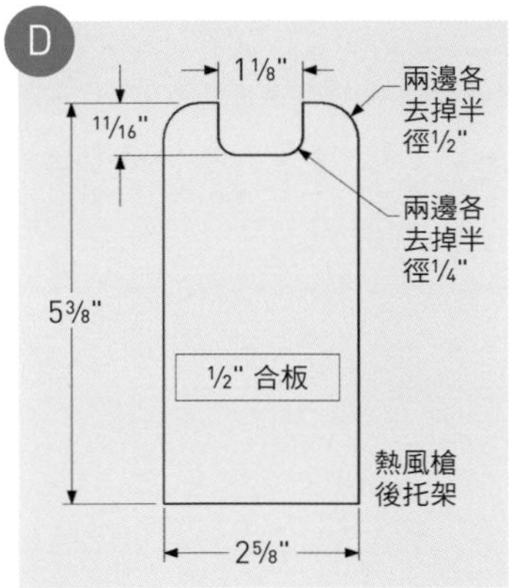
D
1⅛"
¹¹⁄₁₆"
兩邊各去掉半徑½"
兩邊各去掉半徑¼"
5⅜"
½" 合板
熱風槍後托架
2⅝"

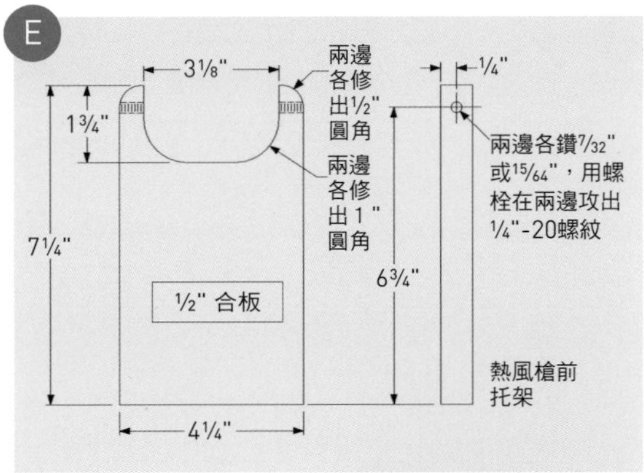
E
3⅛"
兩邊各修出½"圓角
¼"
1¾"
兩邊各修出1"圓角
兩邊各鑽⁷⁄₃₂"或¹⁵⁄₆₄"，用螺栓在兩邊攻出¼"-20螺紋
7¼"
6¾"
½" 合板
熱風槍前托架
4¼"

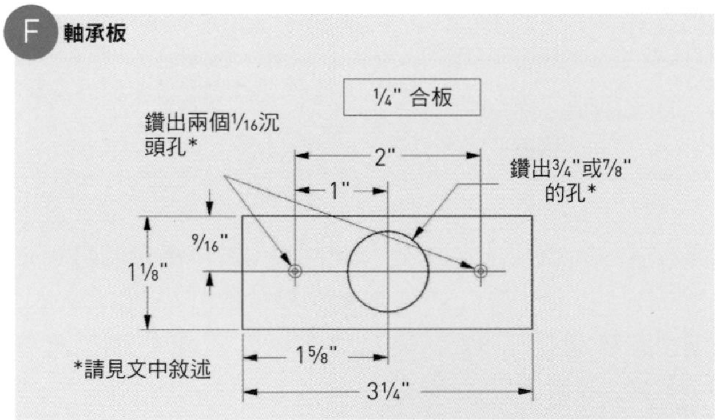
F 軸承板
¼" 合板
鑽出兩個¹⁄₁₆沉頭孔*
2"
1"
鑽出¾"或⅞"的孔*
⁹⁄₁₆"
1⅛"
1⅝"
3¼"
*請見文中敘述

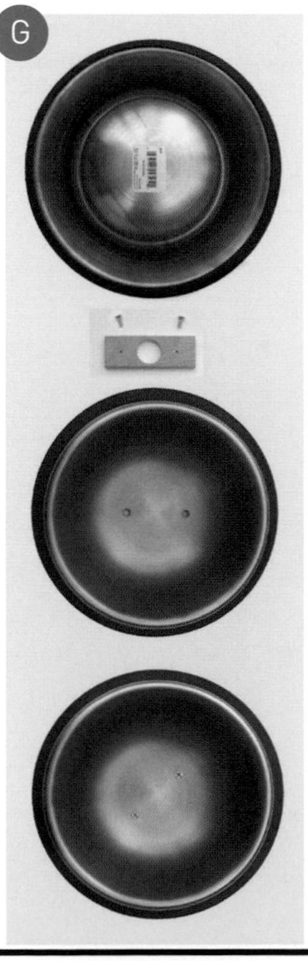
G

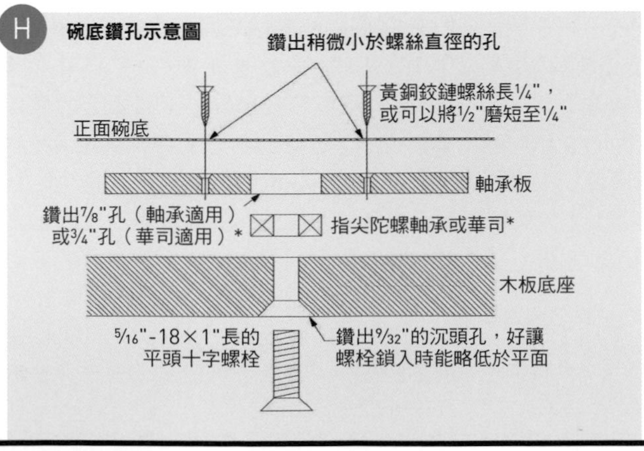
H 碗底鑽孔示意圖
鑽出稍微小於螺絲直徑的孔
黃銅鉸鏈螺絲長¼"，或可以將½"磨短至¼"
正面碗底
軸承板
鑽出⅞"孔（軸承適用）或¾"孔（華司適用）*
指尖陀螺軸承或華司*
木板底座
⁵⁄₁₆"-18×1"長的平頭十字螺栓
鑽出⁹⁄₃₂"的沉頭孔，好讓螺栓鎖入時能略低於平面

的末端。

假如你的底座無法完全平整，可加上二或三根長11¼"的2×2縱樑，與底座長邊垂直，只要別蓋到任何孔即可。

3. 此步驟要再製作三個木製零件，步驟4和5則用½〃合板來做。請用線鋸機或帶鋸機，裁切出電動螺絲起子托架和鉸鏈安裝用的木板（圖C）。木板上的孔大小需配合＃8×1"和＃8×1½"木螺絲。請先不要將任何木製零件安裝到底座上。

4. 製做熱風槍後托架（圖D），切口要置中且深度不得超過¹¹⁄₁₆"。

5. 製作熱風槍前托架（圖E）。前托架也要有足以容納風槍的切口。請確保架上兩個螺孔與托住熱風槍的支柱對齊。用號數120和320的砂紙打磨所有木製零件。接著安裝兩個¼"-20×¾"機械螺絲，作用為固定熱風槍。

製作烘豆碗

6. 該步驟和步驟7～10，請見圖F、圖G和圖H。用¼"合板來製作軸承板，並在板子其中一側輕輕鑽出兩個¹⁄₁₆"沉頭孔，這樣平頭螺絲穿過碗底便可藏於沉頭孔中。

⅞"的孔與文中所用的軸承大小吻合。假如你是用華司代替，請鑽¾"的孔。不管你選哪種零件，最好用扁鑽來鑽孔。

7. 把有沉頭孔那面的軸承板朝碗底放置，軸承板中間的大孔要與碗底圓圈的圓心對齊。請務必對準，這樣碗才不會左右劇烈搖晃（可容許最多¹⁄₁₆"的晃動），接著再用膠帶將板子固定在碗底。

8. 用全新的¹⁄₁₆"鑽頭和切削油，慢慢鑽進軸承板上兩個¹⁄₁₆"孔，再鑽過碗底。

9. 從碗頂往下慢慢鑽出兩個大小剛剛好的孔，這樣鎖上兩個＃4×¼"平頭螺絲時，螺絲才不會穿過頭，同時又能與碗面齊平。然後裝上軸承板。萬一不小心把孔鑽太大，另外再鑽一對即可，多餘的孔不會影響烘焙過程。記得螺絲頭要與碗面齊平，這樣咖啡豆攪拌器才不會撞到突起的

螺絲頭。

10. 假如螺絲從軸承板底部突出，請用銼刀.砂紙或用研磨機把螺絲磨平（圖 **I**）。

11. 將組裝好的烘豆碗／軸承板放在直排輪／指尖陀螺軸承（或華司）上。第一次放置並不容易，所以請在底座把烘豆碗描邊，以加快後續步驟。

12. 請將烘豆碗 360°旋轉，假如烘豆碗左右晃動超過 1/16"，請重新安裝軸承板，固定在更準確的位置。碗的防滑墊會被電動螺絲起子夾頭（一般功用是夾起子頭）帶動，可容許些微垂直晃動。

製作咖啡豆攪拌器

13. 用線規 12 的實心銅線製作攪拌器。我是買一條幾英尺的 3 芯電纜，用 X-Acto 筆刀和 11 號刀片剝去其中一條導線約 18" 長的絕緣層。

　　將導線其中一端凹折兩次，形成三段 1/2"，如此便可插入攪拌用的電動螺絲起子夾頭（圖 **J**）。

　　將銅線大致捲成圓形線圈，一開始會有點鼓，試著把它弄平（圖 **K**），並保持形狀對稱。機器組裝完成後可能還需要調整攪拌器，可以先擱在一旁。

改造電動螺絲起子

14. 由於烘豆機是由 6VDC 電源供應器，而非電池供電，電動螺絲起子的電池盒須加以改造。不過，請先測試每支電動螺絲起子的功能：安裝好四個 AA 電池，確保主軸鎖定為解鎖狀態，然後按下每個按鈕來測試正轉及逆轉功能，再取出電池。

15. 每個電池盒以中線為準分成兩側，在

其中一側末端鑽一個 1/8" 孔，讓兩條線規 22 的導線穿過。將穿孔的導線焊接到連接電動螺絲起子的接點上（圖 **L**）。再把電池盒裝回去。

安裝電動螺絲起子托架

16. 使用 #8×1" 和 #8×1½" 木螺絲將兩個鉸鏈安裝板（步驟 3 切好的）固定在電動螺絲起子托架兩側（圖 **M**）。

17. 為方便烘豆碗放入及取出，托架上有一個 1½"×1" 的鉸鏈能讓電動螺絲起子托架向上移動。用 #6×½" 木螺絲固定鉸鏈，鉸鏈要與組好的電動螺絲起子托架底部對齊。再用 #6×¾" 平頭木螺絲將整個托架鎖進底座上鑽的 A 和 B 孔。

固定電動螺絲起子

18. 用兩個 3/8" 直徑×1 5/8" 的木釘將電動螺絲起子懸掛於托架上（圖 **N**）。在木釘兩端鑽孔，並裝入 4 個小螺絲搭配 4 個華司來固定電動螺絲起子，將導線繞到托架頂部。外側的電動螺絲起子作用為旋轉烘豆碗，內側的電動螺絲起子則是用來攪拌咖啡豆。

19. 製作三片 1/16" 厚的鋁條（A、B 和 C），如圖 **O**。鋁條 A 和 B 功用為維持電動螺絲起子旋轉碗的動作，C 則肩負兩項任務：讓電動螺絲起子持續轉動，以及按住電動螺絲起子的其中一顆按鈕。三片鋁條都可從標準的 1/16" 厚的鋁擠型裁切下來，將鋁條 C 圍住一小段 PVC 管或其中一支電動螺絲起子並將其折彎。可以用虎鉗和橡膠鎚輔助。

20. 製作一個小木塊（圖 **P**）來固定壓縮彈簧和鋁條 B。彈簧必須保持負責旋轉碗

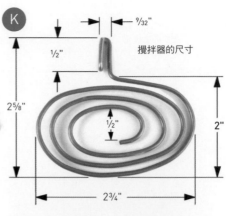

攪拌器的尺寸

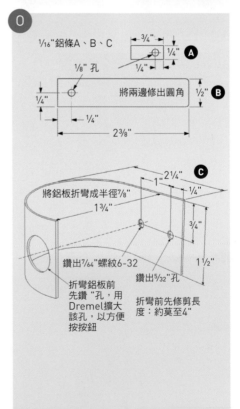

1/16" 鋁條 A、B、C

1/8" 孔

將兩邊修出圓角

將鋁板折彎成半徑 7/8"

鑽出 7/64" 螺紋 6-32

折彎鋁板前先鑽 " 孔，用 Dremel 擴大該孔，以方便按按鈕

鑽出 5/32" 孔

折彎前先修剪長度：約莫至 4"

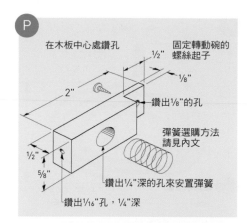

在木板中心處鑽孔
固定轉動碗的螺絲起子
鑽出 1/8" 的孔
彈簧選購方法請見內文
鑽出 1/4" 深的孔來安置彈簧
鑽出 1/16" 孔，1/4" 深

 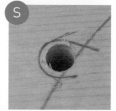

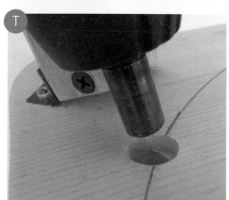

的電動螺絲起子夾頭緊貼著碗的防滑墊。當碗稍微晃動時，夾頭就會緊緊貼著。理想的彈簧尺寸為：線徑 1/32"、長 7/8"、直徑 3/8"，線圈數為 10。

也可使用其他彈簧，只要彈簧規格大致符合壓縮 1/4" 時，需 1/2lb（磅）到 1lb 的力。你可以把太長的彈簧減短，或者把太短的彈簧拉長。

21. 請參考圖 Q 來進行該步驟和下一個步驟。將鋁條 A 稍微弄彎，在旋轉碗的電動螺絲起子外殼上鑽一個 1/16" 的孔，剛好鑽進外殼即可，千萬不要鑽到殼內零件（可在鑽頭上貼膠帶來標示停止鑽孔的高度）。用 #4×1/4" 長的金屬自攻螺絲將鋁條緊鎖在電動螺絲起子上，以便按住按鈕。

22. 用兩個 #6×1/2" 金屬自攻螺絲，把小木塊、彈簧和鋁條 B 組合起來，然後把整個組件固定在電動螺絲起子托架上。請確保彈簧的彈力有確實施加於電動螺絲起子，如此電動螺絲起子才能維持緊貼碗的橡膠墊。電動螺絲起子必須稍微、且不受限地繞著懸掛用的木釘轉動。

23. 請將鋁條 C 包覆用於旋轉碗的電動螺絲起子，用一顆 #6×1/2" 金屬自攻螺絲將鋁條固定於托架上（圖 R）。再用一顆 #6-32×3/8" 機械螺絲按其中一個按鈕，而另一側的清除按鈕會與鋁板的大孔對齊。

24. 將旋轉碗的電動螺絲起子大致垂直擺放，並將夾頭放在步驟 11 中依碗大小畫的圓線上。假如夾頭位置不對，請檢查一下你的作品，尤其是鉸鏈的部分，並檢查相關的安裝位置。用鉛筆把夾頭端所在位置圈起來，鑽一個 3/8" 的孔（圖 S）。圖 C 中為該孔的大致位置及尺寸，目前看來這個孔太小了，不足以讓夾頭穿過。

25. 夾頭必須低於底座平面約 1/8"，如此才能與防滑墊保持貼合。因此，請用圓形銼刀或直徑 1/4" 的 Dremel 刀具擴大該孔頂部，讓夾頭末端穿過（圖 T 和圖 U）。放上烘豆碗並將其旋轉 360°，就算稍有晃動，夾頭也必須一直壓在碗防滑墊上，

而不是向下摩擦底座，否則整碗豆子就烘爛了。

整理加工

26. 在轉動碗的電動螺絲起子上安裝一個防熱板（圖 V）。請將鋁片（防水）裁切為 2 5/8"×4"，接著用兩個 #6×1/2" 金屬自攻螺絲將其鎖到電動螺絲起子托架上。

此外請在電動螺絲起子托架後端加上長度約 4" 的 1/4" 木釘，以防止電動螺絲起子過度向後傾斜。

27. 兩支電動螺絲起子應呈現垂直角度運作，假如傾斜太多且／或是夾頭低於底座超過 1/4"，可添加一顆小平頭止動螺絲（圖 W）。

連接電路

28. 請先斷開電源供應器，把所有零件組裝起來（圖 X）。我的開關面板為約 2"×3" 的塑膠積層板（Formica），上面有兩個螺絲固定，機器效能可能因開關而異。另外，電源線要長到可應付電動螺絲起子向後傾斜。

焊接任何東西前，請先接上電源，檢查每支電動螺絲起子的轉動方向（是否依正確方向轉動，電源供應器會感謝你的）。若電動螺絲起子未運轉，請檢查電源並確保逆轉／正轉按鈕有確實按下。由上往下看，碗應會順時針旋轉，攪拌器則是逆時針轉動，必要時請反接電線。

完成焊接後，用熱縮套管包覆裸露的接點，並將電源線用夾線釘固定在底座上。

安裝熱風槍

29. 用 #8×1 1/2" 平頭木螺絲固定兩個熱風槍托架（使用乾牆螺絲固定效果佳）。

在底座上按照相應的孔位和間距鑽 1/16" 導孔，將前托架安裝到底座上。

30. 按照同樣的方式安裝後熱風槍托架，但請先鎖一個螺絲（暫時），讓托架得以轉動對齊。熱風槍安裝於兩個托架上後，再鎖上第二個螺絲。

31. 請將兩個 1/4"-20 螺絲小心鎖進熱風槍托架。

重要： 熱風槍必須安裝牢固，方向應朝下往旋轉碗的螺絲起子夾頭，位置應於烘豆碗接近邊緣處來烘焙咖啡豆。如果位置不對，請確認你的底座大小和熱風槍的兩個托架。

開始烘豆囉！

每次烘豆需要 10 ～ 15 分鐘，我曾在 50°F（無風）甚至是更高溫的室外烘焙咖啡豆都沒問題。

1. 請在乾燥且通風良好的地方使用烘豆機，以免發生火災，最好是選擇室外。

2. 將攪拌器插入夾頭中，你可能需微調夾頭端的銅線，才不會使銅線輕易往內推，微調後也能避免銅線掉出來。銅線必須能不受限制地自由轉動，且要剛好在碗內表面上轉動而不會刮到碗底。

若攪拌器常常因為電動螺絲起子晃動脫落，請在夾頭一側鑽一個 1/16" 的孔，使用切削油和新鑽頭。並將被鑽孔側的夾頭磨平。然後把較粗的（ 1/16" ）裸導線從攪拌器倒 U 型處穿入孔內，在夾頭上纏繞幾圈（圖 Y ）。

3. 放入任何綠咖啡豆前，請再次測試電動螺絲起子和熱風槍。閱讀 Harbor Freight 熱風槍使用說明。請注意開關上並沒有「冷卻」的功能設定，所以需關閉熱風槍電源。

4. 容易忘記的部分：安裝轉動碗的電動螺絲起子時，請先將它外推壓住彈簧，將夾頭置於底座孔內再鬆開，這樣彈簧就會將夾頭緊壓在碗的防滑環上。防滑環請保持清潔，不要碰到任何髒東西，像是油和灰塵。

5. 將 1 杯咖啡生豆放入碗中（如圖 Z ）。熱風槍暫時還不要開，先開啟兩個電動螺絲起子（記得要按照順序！）一分鐘。碗務必

以緩慢安穩的速度轉動，攪拌器則要能穩定地攪拌豆子，過程不會受到任何干擾。這步驟可以慢慢來。

警告： 先讓烘豆碗和攪拌器轉動約一分鐘後，才能開啟熱風槍。靜止不動的咖啡豆很容易著火！烘豆過程結束前都要待在烘豆機旁，並讓小朋友和烘豆機保持適當安全距離。

6. 兩支電動螺絲起子開始運作後，請將熱風槍切到高溫。小心高溫噴嘴！

7. 幾分鐘後，咖啡豆會開始膨脹，你會看到棕褐色且富有光澤的豆殼（ chaff ）脫落而出。咖啡豆顏色會由黃逐漸變黑。當豆子膨脹出油時會劈啪作響（咖啡愛好者稱之為「第一爆」）。另外，記得攪拌器處於高溫狀態就會變得又紅又紫，無須擔心。

8. 當豆子烘到你想要的程度且／或開始再次爆裂（「第二爆」）時，請關閉熱風槍，但是電動螺絲起子仍得繼續運轉。讓碗和攪拌器在較涼的空氣中轉個幾分鐘，直到碗和豆子的溫度低到可以用手拿。

9. 將電動螺絲起子移開，取出碗，把豆子倒進容器並密封。咖啡純粹主義者都會等待 4 至 24 小時後再進行研磨。祝你一切順利！ ◢

[+] 如果你不想花時間等待咖啡豆冷卻，我多加了一個冷卻扇來加速每次烘豆速度。想知道更多細節，以及烘豆技巧和資源，歡迎前往 makezine.com/go/dog-bowl-coffee-roaster.

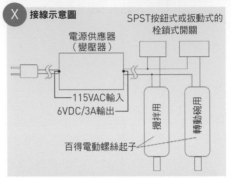

X 接線示意圖

SPST按鈕式或扳動式的栓鎖式開關

電源供應器（變壓器）

115VAC輸入
6VDC/3A輸出

攪拌用　轉動碗用

百得電動螺絲起子

Y

Z

Larry Cotton

時間：
3～4小時

難度：
中等

成本：
60～90美元

文：艾琳·聖·布蕾 譯：蔡牧言

Eye of Newt

超逼真惡作劇眼球

猶如地獄特調巫婆湯，散發強烈的危險氣息！

透過這小巧又詭異的動畫眼珠留神周遭。放進寬嘴玻璃瓶中，加入你藥水架上的收藏行列，或是接上皮帶，然後當成墜子掛在脖子上。這篇教學文章是根據菲爾·柏格斯（Phil Burgess）的專題「怪誕之眼」（Uncanny Eyes）改造成萬聖節風格。

在開始焊接之前，記得先將所有軟體都匯入你的Teensy微控制器中，並確認運作正常。事先將程式碼載入完畢，也能使後續焊接或組裝時，更便於排解問題。

軟體設定相關部分，在「怪誕之眼」的專題網站learn.adafruit.com/animated-electronic-eyes-using-teensy-3-1/software有完整的介紹。硬體部份則可參閱learn.adafruit.com/eye-of-newt。

下載程式碼

在進入後續步驟之前，記得先安裝下列所有指令：
» Arduino IDE
» Teensyduino Installer
» 函式庫（透過Arduino IDE安裝，而不是Teensyduino installer）：
  » Adafruit_GFX
  » Adafruit_SSD1351
  » Adafruit_ST7735
» Python圖片處理庫（PIL）（如果你想新增自訂圖片。）

現在前往github.com/adafruit/Teensy3.1_Eyes/archive/master.zip，下載此專題需要的程式碼。壓縮檔中，會找到一個叫作「convert」資料夾，裡面有數個圖片資料夾和一份Python草稿碼，而在另一個叫作「uncannyEyes」的資料夾裡，有一份Arduino的草稿碼。

在Arduino IDE中開啟草稿碼「uncanny Eyes.ino」，並記得將CPU時脈調為「72MHz」。（如果你的眼珠有顆粒感，那可能是你的問題。在CPU預設的「超頻」時脈下，眼珠看起來會很怪。）

以「測試用」（is for testing）方式將草稿檔匯入Teensy，記得在做出任何更動前先確認是否有成功。

現在「uncanny Eyes.ino」草稿碼，上面，可以看到幾個眼睛的選項。對「**#includenew tEye.h**」這個字串執行「Uncomment」讓蠑螈之眼張開，然後對著「**#includedefaultEye.h**」字串執行「comment out」（圖**A**）。我們只需要一顆眼珠！這組程式碼原先是用來處理兩隻眼睛的。既然我們只有一顆眼珠，我們可以把第二顆眼珠關閉，使程式碼運作得快一點。接著往下幾行，找到名為「eyepins[]」的陣列，並對其中第二行字串執行「comment out」（圖**B**），將右眼功能關閉。

自訂圖片

我希望儘量讓這個眼球長得像真的蠑螈眼睛。我上網搜索了圖片，找到一張喜歡的（圖**C**）。

接著我利用Photoshop將眼球「展開」，如此軟體才能正確繪製。經過一些裁切及縮放，再審慎的套用液化濾鏡後，圖**D**就是我最後的成品。

人類的鞏膜（眼球的白色部分）（圖**E**）看起來與爬蟲類真的不一樣。我希望造型更像蠑螈，所以我利用Photoshop套用負片效果，然後在中央加上一個黑色圓圈，使瞳孔部份保持黑色。我試了好幾次才成功，不過結果真的很令我開心（圖**F**）。這些圖片都包含在下載程式碼後的檔案中，而改圖方式也完整地記錄在「怪誕之眼」的指南中了。盡情發揮，創造屬於你的獨特外觀。

眼球定位

我們還可以透過程式碼調整圖片的定位。如果你的成品往兩旁偏移、上下顛倒，需要轉動眼球以調整方向，可以在程式碼**setup**函式的最後面尋找這行字串（圖**G**）。

將值「**(0x76)**」改為「**(0x77)**」或「**(0x75)**」，可使眼球旋轉90度，或改為「**(0x66)**」，使眼球旋轉180度。我

材料
» Teensy 3.1 或 3.2 微控制器
» OLED 16 位元顏色顯示器 Adafruit #1431
» 光敏電阻（CdS）Adafruit #161
» 鋰聚合物電池充電器 Adafruit #2124
» 鋰聚合物電池（500mAh）Adafruit #1578
» 滑動開關，SPDT 單刀雙擲 Adafruit #805
» 電阻 10kΩ
» 半球形凸面寶石（壓克力），直徑 1.5"
» 電子線，實芯 各種顏色
» 矽膠絞線 各種顏色
» 爬蟲類皮膚紋理，或是萬聖節風格的布料
» 項鍊繩或寬嘴玻璃瓶

工具
» 烙鐵及相關配件
» 熱熔膠槍
» 剪刀
» 針線
» 布膠帶

艾琳·聖·布雷
Erin ST. Blaine
舊金山灣區的時尚及 LED 藝術家。

A
```
#include <SPI.h>
#include <Adafruit_GFX.h>        // Core graphics lib for Adafruit displays
#include "logo.h"                // For screen testing, OK to comment out
// Enable ONE of these #includes -- HUGE graphics tables for various eyes:
#include "defaultEye.h"          // Standard human-ish hazel eye
//#include "noScleraEye.h"       // Large iris, no sclera
//#include "dragonEye.h"         // Slit pupil fiery dragon/demon eye
//#include "goatEye.h"           // Horizontal pupil goat/Krampus eye
//#include "newtEye.h"           // Eye of newt
```

B
```
eyePins_t eyePins[] = {
  {  9, 0 }, // LEFT EYE display-select and wink pins
//{ 10, 2 }, // RIGHT EYE display-select and wink pins
};
```

C

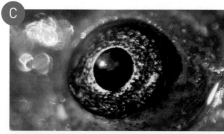

D

E    **F**

G
```
#else // OLED
  eye[0].display.writeCommand(SSD1351_CMD_SETREMAP);
  eye[0].display.writeData(0x76);
#endif
```

Supertrooper - Focusingonwildlife.com, Erin St. Blaine, Phil Burgess

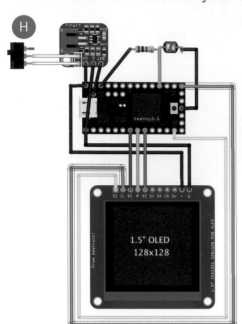

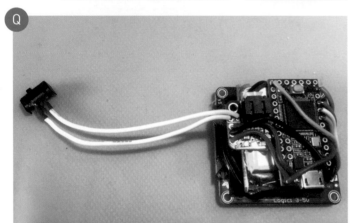

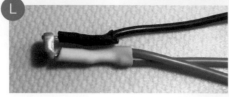

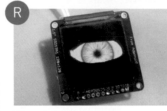

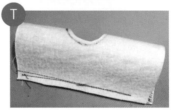

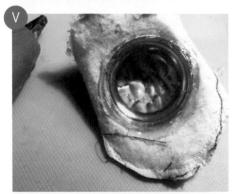

Erin St. Blaine

個人喜歡將眼球旋轉180度，使原來的圖片上下顛倒。我覺得這樣會讓這隻眼睛看起來好像在盤算著什麼狡猾事，而這也更符合我的「蠑螈之眼」專題概念。

疑難排解

如果你遭遇了任何問題，可以參閱「怪誕之眼」的指南，看看其中的一些疑難排解。如果你的眼睛正確顯示出來了，但卻看起來雪濛濛、帶有如像素一樣的顆粒感，記得像我前面提過的一樣，確保CPU時脈的設定是「72MHz」。

接線圖

有很多連結部分需要處理（圖H）。搭配實芯導線與絞線是最簡單的方式，因為能精簡專題尺寸。

顏色分類是你最好的朋友！電源線全部用紅色的、接地線用黑色，其它連接處可用不同顏色電線，以避免你混淆。將各導

Teensy 3.1	OLED	電池充電模組
Vin	+	BAT
G	G	G
USB		5V
7	DC	
8	Reset	
9	OC	
11	SI	
13	CL	
16		電阻 + 光敏電阻
3.3V		電阻
G		光敏電阻

線顏色與相應腳位的配對記錄下來，如此在焊接時可以有所依據。

組裝

1.準備充電模組

利用一滴焊料，將充電面板的背面連接起來，這樣電池充電起來更快（圖I）。

再來也得將正面的開關焊墊之間的線路切斷（有框框的兩個洞之間）才可以用切

換的方式操作開關（圖 J）。

2. 準備你的開關

把開關的針腳剪成大約一半的長度。分別在中間與任何一個側邊的針腳上，焊接長度4"的導線，並將剩下沒用到的針腳剪掉。利用熱縮套管，替導線加一層保護。將兩條開關導線焊接至充電模組的開關焊墊上（圖 K）。

3. 準備光敏電阻

把光敏電阻的針腳剪成大約三分之一的長度。在其中一隻針腳上焊接一條黑色的絞線，並在另外兩隻針腳上焊接另一種顏色的絞線（針腳順序可以互換）。分別替兩邊的導線裝上熱縮套管（圖 L），然後用較大的熱縮套管把整個光敏電阻套起來，只露出頂部。

4. 準備TEENSY及螢幕

將Teensy背面USB充電焊墊之間的線路切斷（圖 M）。

將一大片厚膠帶（布膠帶的效果不錯）貼在OLED螢幕的背面，小心地將所有外露的零件覆蓋起來，並注意不要蓋住焊接口的標示（圖 N）。

5. 焊接電源線及充電模組

將兩條紅色矽膠絞線焊接至Teensy上的「VIN」接點，以及兩條黑色的至「G」接點。這裡選擇矽膠絞線的原因是因為一個腳位塞不進兩條實心導線。

將充電模組放在Teensy旁邊，然後在Teensy的「USB」接點以及充電模組的「5V」接點間焊接一條紅色實心導線。再將Teensy上的其中一條紅色絞線焊接至充電模組的「BAT」接點，以及黑色的絞線至「G」接點（圖 O）。

6. 連接光敏電阻及螢幕

在Teensy的「7」、「8」、「9」、「11」及「13」接點上，焊接不同顏色的實心導線。之後你得將這些線剪短，不過現在先確保長度都至少有幾英寸就好。

將電阻的其中一隻接腳剪短，並焊接至Teensy的「3.3V」接腳上。再將電阻另一接腳，與光敏電阻其中一條有顏色的導線焊接起來。接著用熱縮套管把整個電阻套起來。

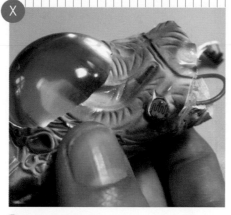

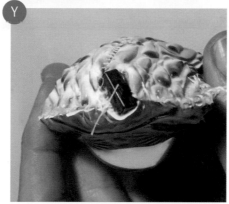

請至learn.adafruit.com/eye-of-newt 參考此專題的網路頁面。

將光敏電阻另一條有顏色的導線焊接至Teensy的「16」接點，然後將光敏電阻的黑色導線焊接至Teensy重置按鈕旁的「GND」接點。

如圖 P 所示，將Teensy及充電模組對齊OLED螢幕的背面。小心地修剪剩下的導線，並焊接至OLED螢幕上。

接電池裝上，並推進OLED螢幕和其他組件之間。纏繞導線並彎曲實心導線，直到變成一個整齊的小包裹形狀（圖 Q）。利用幾滴熱熔膠，小心地將所有東西固定住。

將開關打開，讓眼睛動動（圖 R）。或遮住光敏電阻，讓瞳孔放大！

7. 製作外殼

剪下面積大約8"×8"英寸的布料。將你的凸面寶石擺在中央，並在布料背面沿著寶石外圍做記號。在布料上替凸面寶石開一個洞，大小稍微比剛剛做的記號再小一點，這樣寶石才不會穿過去（圖 S）。

圍著電子眼珠將布料對折，並在上面做記號。將要朝內放置的開口縫合（圖 T）。把布料壓扁，讓洞口朝上、接縫位於背面正中央。在洞口下方大約1"的地方縫製一個弧形的邊緣（圖 U）。記得確認電子零件能放得下。

把凸面寶石朝下放進洞口中（往布料扁平的部份）。在寶石邊緣塗上一圈熱熔膠，使之固定（圖 V）。把外殼正確的那面翻出來，溫柔地將電子零件放入其中，並讓開關及光敏電阻從上方開口露出來。用美工刀在USB埠的位置（圖 W）開另一個洞，讓光敏電阻露出來（圖 X）。用針線把外殼上方縫起來，保留外殼可以操作開關的部份（圖 Y）。我用油漆筆替開關塗了顏色，好讓它和外殼顏色更合。

最後接上一條項鍊繩收尾（圖 Z），或是保持目前的模樣放進藥水罐裡（圖 AA）。請記得OLED螢幕是很纖弱的，所以別硬塞進尺寸太剛好的玻璃罐，太用力的話螢幕會壞掉。

《女巫之歌》: 不計辛勞不怕煩！

接上USB導線充電。充飽的時候，充電模組上面的指示燈會變成綠色。現在你已經萬事俱備，可以施展巫術了！ ◐

超音波懸浮魔術
Easy **Ultrasonic Levitation**

距離感測器就是要這樣玩

文：烏爾里克・施米霍德　譯：Hannah

烏爾里克・施米霍德
Ulrich Schmerold

Ulrich Schmerold 住在德國南部巴伐利亞州，工作是製作能幫助身障人士的設備。他喜歡用專題創作來驚豔眾人，激發大家對物理的興趣。他的主要工作是製作能幫助身障人士的設備。

原文發布於《MAKE》德文版官網：
https://www.heise.de/make/artikel/
Einfacher-Ultraschall-Levitationsap-
parat-4022505.html。由尼克・歐特曼
（Niq Oltman）翻譯。

時間：
6～8小時

難度：
中等

成本：
35～50美元

材料

- » HC-SR04 超音波距離感測器（2）
- » Arduino Nano 微控制板，附 USB 線
- » H 橋 L293D 晶片，或有 L298N 晶片的步進馬達驅動模組
- » 整流二極體，1N4007（1個或以上）
- » 電容：100nF（1）和 2,200μF（1）
- » 測試用無鉛錫麵包板
- » 萬用電路板（Perfboard），配接永久電路用，尺寸約 2"×2:
- » 懸浮用保麗龍小球（發泡性聚苯乙烯）
- » 跳線和/或電子線
- » 電源供應器 9V–12V。可調式桌上型電源供應器比較好，或者小型變壓器也可。你甚至可以試試看 9V 電池

可選用，裝置外殼：
- » 銅管，0.7"（18mm），長度約 6"，以及接頭：T 型接頭（1）和 90° 接頭（3）
- » 底座用小木塊

工具

- » 烙鐵和焊錫
- » 斜口鉗／剝線鉗
- » 安裝 Arduino IDE 的電腦，可至 arduino.cc/downloads 免費下載
- » 示波器，雙通道（可選用）
- » 鋼鋸或切管機（可選用）用來裁切銅管
- » 木工工具（可選用）用來裁切底座

Ulrich Schmerold

如果你想試驗超音波懸浮，一種用聲波讓物體靜浮在空中的原理，你不需要準備任何科學儀器，更不用架設複雜的迴路控制系統或購買昂貴套件。只要一個 Arduino、一個步進馬達驅動模組，再改變一下距離感測器的功能就可以了。

好吧！我承認這個微型超音波懸浮器沒辦法讓很重的東西浮起來，但光看保麗龍小球像被施了魔法般靜浮在空中，就已經很吸引人了。

相較於磁懸浮，超音波方法就不需要有用來穩定懸浮物體的控制迴路系統。聲波懸浮系統能讓物體自己停留在駐波節點上。你還可讓多個物體同時懸浮在彼此上方，均勻分布空間！

在 2/18 日發行的《MAKE》雜誌德文版中，我們發表了兩個超音波懸浮裝置的替代方案，其中一個是從已嚴重燒毀的超音波清潔器取下換能器來使用。

不過還有第三個方案，就是接下來要告訴大家的。該方法使用便宜的距離感測器來製作，這個方法也是目前最簡單的。

1. 分解超音波感測器

本專題以距離感測器中之超音波換能器為基礎，像是 HC-SR04 距離感測模組，該模組可於 eBay 以不到 2 美元購得（圖 Ⓐ）。

模組內有一個做為發射器（T）使用的換能器，另一個換能器則當作接收器（R）使用。原則上，選擇 T 換能器做為專題用的發射器效果較佳，所以我們買了兩個感測器，分別取出裡面的 T 換能器（必要的話也可以只買一個，以第一次做這個實驗來說，R 換能器的發射功能已經夠好了）。

請將兩個換能發射器脫焊。不過既然開始拆了，就把 R 換能器也拆下來吧（圖 Ⓑ）！請勿把接收器上的小線濾網丟掉。因為到最後你會發現這東西真是出乎意料地好用。

換能器的設計是以 40kHz 運作，該頻率下換能器的工作效能最佳。頻率訊號會由 Arduino Nano 發出。

2. 上傳 ARDUINO 程式碼

以下 Arduino 草稿碼大多由 setup() 程式執行工作。首先，它會將所有類比埠口設定為輸出。接著，Timer1 設定為頻率 80kHz 時觸發中斷（Interrupt）。每次中斷會反轉類比埠口狀態，將 80kHz 方波訊號轉換為 40kHz 的全波循環。而 loop() 程式碼在此就無用武之地了！

```
byte TP = 0b10101010; // 每個埠口都
會收到反相訊號

void setup() {
  DDRC = 0b11111111; // 將所有類比埠
口設定為輸出
  // 初始化 Timer1
  noInterrupts(); //中斷禁止
  TCCR1A = 0;
  TCCR1B = 0;
  TCNT1 = 0;
  OCR1A = 200; // 設定比較暫存器
(16MHz / 200 = 80kHz 方波 -> 40kHz
全波）
  TCCR1B |= (1 << WGM12); // CTC 模
式
  TCCR1B |= (1 << CS10); // 將預除器
設為1 ==> 無預除
  TIMSK1 |= (1 << OCIE1A); // 允許比
較暫存器中斷
  interrupts(); // 允許中斷
}
ISR(TIMER1_COMPA_vect) {
  PORTC = TP; //傳送 TP 的值到輸出埠
  TP = ~TP; //將 TP 的值反相，以進行下一
次運作
}
void loop() {
  //剩下就沒什麼事了
}
```

完整的程式碼及示意圖 ZIP 檔請至 makezine.com/go/micro-ultrasonic-levitator 免費下載

3. 配置電路

理論上，你可以同時將兩個發射器直接連接到 Arduino Nano 類比埠口，因為它們只需要非常小的電流。不過，這麼做的

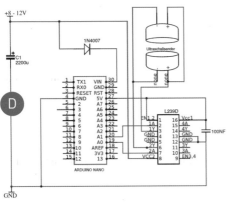

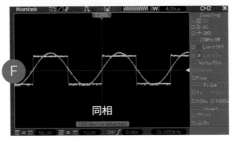

同相

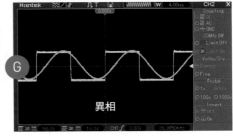

異相

話,其工作電壓就會受限於Arduino所提供的5V,大大降低懸浮功率。為了加強訊號,請使用擁有H橋電路的L293D晶片,就是某些步進馬達驅動器裡會使用的那種晶片。

如果你對於直接使用L293D晶片感到憂心,可以用有L298N晶片的步進馬達驅動模組作為替代(圖 C)。只要把四個輸入端其中兩個接到Arduino的A0和A1埠口,再接通GND端和5V端即可,配接方式詳如左上方示意圖(圖 D)。

假如你是直接在萬用板上使用IC晶片建立電路,請確保電路內加入兩個電容。如此可濾除換能器產生的線路雜訊,因為這些雜訊很可能會「毀損」Arduino,迫使控制板不斷重置。

4. 讓物體懸浮

請先將兩個發射器以間隔約20mm(0.8英寸)放置,可以用輔助夾座或其他功能類似的裝置將其固定。確切的間隔距離需透過反覆實驗才能得知。圖 F 說明了完整的架設原型,使用了步進馬達模組、麵包板和輔助夾座。

此間隔距離必須恰好能產生駐波,還要有夠強的高低氣壓場。你可用以下公式估算距離,並以室溫下音速343公尺/秒(1,125英尺/秒)來計算:

343,000mm/秒 / 40,000赫茲 = 8.575mm

所以,你應該會在距離為8.575毫米(0.338英寸)或該數值倍數時產生駐波。但兩發射器間之距離與聲波圍繞的區域範圍不盡相同,因此該計算結果並不是非常準確,你必須一直微調距離直到裝置能成功運作。

假如你有雙通道示波器,這將有助於你找到合適的距離。請將其中一個通道連接到Arduino,另一通道連接到其中一個發射器(測量時請確保發射器與電路板已中斷連接)。若距離恰好,超音波接收器發出的正弦波應該與Arduino的方波信號完全同相(圖 F 和圖 G)

還記得你留下的超音波接收器線濾網嗎?把它黏在牙籤上(圖 H),它能在你要把保麗龍小球放到適當位置時助你一臂之力,因為它能透射聲波(假如你用手或鑷子放小球可能會很辛苦。而且會使換能

Ulrich Schmerold, Dr. Asier Marzo

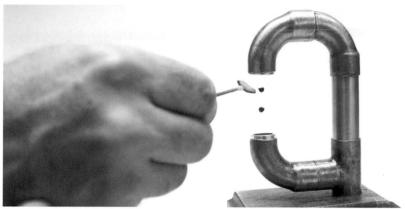

器發出的聲波產生折射或受到擾動，駐波也可能因此無法成形或不穩定）。

物體首次成功懸浮前，你需要有點耐心：

» 如果球好像要浮起來卻又掉下來了，請試著用小塊一點的保麗龍。懸浮物不需要是圓的。事實上，我們發現不規則狀的碎片似乎更容易懸浮。

» 你的懸浮物體是否瘋狂跳動？請試試降低電源電壓。你可以另外串聯1N4007二極體來降壓。每個二極體會降低0.7伏特左右的電壓。以12V電源供應器而言，我們發現電壓於9V至11V之間效果最佳（如果可以的話，使用可變電壓的電源供應器是最方便的）。

» 第一個保麗龍球成功懸浮後，你可以嘗試在其他駐波節點上放置更多小物體

（圖❶）。成果一定會讓你印象深刻！

5. 讓裝置看起來美美的（自由選擇）

正式安裝超音波懸浮器時，你可以用漂亮的外殼包覆它，把它打造成令人欽羨的桌上逸品。

我們的最終版是用五金行買來的18mm（0.7英寸）銅管製成的（圖❿）。我們將兩個發射器的濾網到濾網之間的距離設計為37mm（約為$1^1/_2$英寸），這是經過實驗得來的數字。至於你用的是幾毫米，數值可能會有所不同。

假如你最後是用L293D晶片來建構電路，整個控制板就能輕鬆置入底座中（圖❿）。右邊是12V電源供應器插孔。

祝懸浮愉快！ ✪

[+]想欣賞微型超音波懸浮器的實際運作影片，歡迎前往makezine.com/projects/micro-ultrasonic-levitator。也不要錯過哈佛大學展示不可思議的懸浮影片，影片中的人利用紋理法將聲波的駐波化為視覺：youtu.be/XpNbyfxxkWE。

進階版：
超音波相位陣列

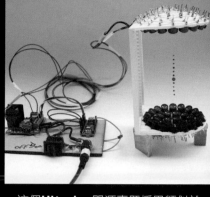

這個**Ultraino**開源專題採用類似於超音波懸浮器的方法，不過功能更加強大。該專題由布里斯托大學**埃西爾・馬索博士**帶領，使用Arduino Mega控制板和客製放大器來控制置於3D列印盒子裡由64個**換能器**組成的相位陣列。此裝置能讓液體、晶片和昆蟲等物體懸浮，你可以在instructables.com/id/Ultrasonic-Array找到製作細節。

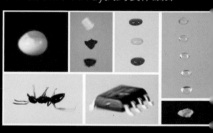

Ultraino專題科學論文中提到許多超音波相位陣列的其他應用，相當引人入勝。**其中包括可控式隔空觸覺反饋、無線功率傳輸、參量式揚聲器，甚至還有牽引聲波。**可前往ieeexplore.ieee.org/document/8094247免費線上閱讀。

另一篇和懸浮有關的有趣論文是「微懸浮：多發射器單軸聲波懸浮器」（**TinyLev**: A multi-emitter single-axis acoustic levitator，可前往doi.org/10.1063/1.4989995）。這是馬爾索早期製作的專題，用了72個換能器，可至instructables.com/id/Acoustic-Levitator查閱。最後這項專題還提供「微懸浮」變化版本（**MiniLev**），只需要兩個換能器即可，和本專題就更相似了。另外，你也可以看到物理女孩黛安娜（**Dianna Cowern from Physics Girl**）採訪馬爾索的影片，內容非常棒。

改造 Hot Wheels 風火輪小汽車
Hot Mods

文：鮑伯・奈吉爾 譯：Hannah

切割、改造、量身訂做屬於
你的小汽車──準備參賽囉！

時間：
3～4小時

難度：
簡單

成本：
10～20美元

材料
» 卸甲用丙酮
» Sugru 萬用黏土
» 塑膠棒、苯乙烯薄片等等
» MEK 溶劑型接著劑丁酮
» 瓷漆
» 氰基丙烯酸酯（CA）等同 Super Glue 強力膠
» 雷射印表機專用列印貼紙
» 軟毛巾
» 2-56 螺絲（可選用）

工具
» 小漆刷
» 中心衝
» 電鑽和鑽頭 包括鑽頭角度較小的大中心衝鑽頭
» 金工專用鋸弓
» 旋轉工具，譬如 Dremel 工具 搭配研磨及打磨磨砂用鑽頭
» 蠟燭
» 雷射印表機
» 2-56 螺絲攻（可選用）

2018年正逢美泰兒公司（Mattel）推出風火輪（Hot Wheels）壓鑄玩具小汽車50週年，你可以展現 Maker 本色，改造作屬於自己的風火輪小汽車，歡慶週年。

1968年對玩具產業來說是很重要的一年，那年推出許多暢銷玩具，至今仍眾所皆知，像是 Easy-Bake Oven 兒童烤箱、G.I. Joe 特種部隊玩具，或是扭扭樂（Twister）和瘋狂手術（Operation）這些遊戲，不過，這些玩具的銷售量無一能超越風火輪小汽車：這個數字至今已超過40億！

那時，壓鑄模型車的世界仍平淡無奇，有些仿真尺寸的小轎車、矮胖的貨車以及幾款賽車。英國玩具公司 Lesney 推出尺寸為1比64的火柴盒小汽車，包裝在「火柴盒」裡販售，造型相當可愛，主要作為蒐藏之用，為了拓展玩具車市場，美泰兒公司則使出革命性新手段，推出著重於全新設計及性能的玩具小汽車。

原始的風火輪小汽車採用特別的低摩擦 Delrin 軸承，搭配 Mag 樣式（譯註：mag style，類似星芒狀）輪胎，相較於使用較僵硬的金屬線，風火輪小汽車用的是較具彈性的細金屬線作為輪軸，形成扭力桿般的作用，賦予小車有如四輪獨立懸吊系統之功能（圖Ⓐ），為了展現車速及性能，美泰兒的工程師創造出具代表性及彈性的橘色軌道，搭配電動助推器、高速傾斜彎道、跳臺和摩天輪螺旋迴圈（loop-de-loops）等多種軌道組合及功能。

小汽車之美正如其生產技術及設計一般，頗具革命性，其車身以狂野的「Spectraflame」油漆塗色，呈現糖果般的透明色澤，讓壓鑄金屬閃閃發光，原始的設計車款有雪佛蘭改造版科邁羅（Camaro）、龐蒂克火鳥、福特野馬以及其他有名的改造展示車，像是 Silhouette、Deora，還有艾德・羅斯（「老爹」Ed Roth）的設計車款 Beatnik Bandit（圖Ⓑ）。第一臺玩具車原型送到美泰兒創始人艾略特・漢德勒面前時，他說道：「這是至今最火紅（Hot）的車了！」小汽車的名稱也就此底定。

美泰兒精彩的廣告，讓壓鑄模型車銷售成績有突破性發展，孩子們對於能在房間地板上，使用直線斜槽軌道組再現真實世界裡賽車手唐・普魯德姆（Don "The

16 款加州風客製化風火輪任你挑！

Hot Wheels collector button comes with every car.

每款小汽車都附集點徽章還有販售風火輪賽車軌道組，把 30 英尺長的軌道和裝備一起帶回家吧！

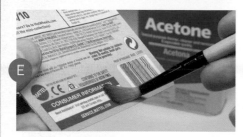

Mattel

鮑伯·奈吉爾 Bob Knetzger

身兼設計師／發明家／音樂家，他設計的玩具不僅榮獲獎項並登上《今夜秀》、《夜線》和《早安美國》等節目。同時他也是《Make: Fun!》一書作者，可於 makershed.com 和各書店購買。

Snake" Prudhomme）及湯姆·麥克尤恩（Tom "The Mongoose" McEwen）之間的直線加速賽感到興奮。

時至今日，最初發行的 16 款風火輪小汽車（又稱「紅線」（Redlines），因其紅色輪胎側壁得名）已被蒐藏家視為珍寶，其中最難尋獲的是復古風火輪小汽車 Volkswagen Beach Bomb 衝浪手廂型車原型，標準配備為車後衝浪板。這臺車曾以超過 10 萬美元的價格出售，並在美國公共電視網的《鑑寶路秀》（PBS's Antiques Roadshow）中亮相。

改造改造你的風火輪小汽車

準備好修改你的車桿了嗎？以下這個簡單的示範專題可幫助你入門，我的玩具發明事業夥伴里克·古羅尼克駕駛這輛 1960 保時捷 356 Speedster 參加比賽（圖C），其車身號碼 60 和「Doctor Dreadful」制服在當時的復古賽車賽道上頗負盛名，我想打造一輛以他的車為版本的風火輪小汽車致敬，幸運的是，美泰兒公司生產過一輛復古保時捷小汽車，我可以從它著手進行改造（圖D），這是一臺

雙門小轎車，所以我必須移除車頂，切下擋風玻璃，再依比例製作車頂蓋上的翻車保護桿，最後還要上漆，訂製貼紙。

1. 拆掉包裝

我想把成品放回原本的紙卡氣泡包裝內，所以我必須在不毀損包裝的情況下拿出小汽車。怎麼做呢？沿著真空成型包裝黏貼處（圖E）將丙酮（去光水）刷塗到紙卡背面，請塗上足夠的量，使其能滲透紙卡，丙酮會在不影響印刷圖樣的情況下，一點一點溶解黏膠，我留下最上方的黏膠，以便稍後置換小汽車（圖F）。

2. 用鑽頭去除鉚釘

風火輪小汽車是靠金屬車身上的桿柱「帶頭」與其他部件固定在一起，像小鉚釘一樣，要拆解車身，請先將車子置於柔軟的毛巾上，小心鑽除鉚釘頭（圖G），首先，用中心衝頭擊破一個點，接著使用鑽頭角度較小的大鑽頭，鑽到恰好可拆解車身（圖H），這麼做可保留較長的桿柱，以利重新組裝，使用中心孔鑽代替麻花鑽較好掌控，亦可鑽去最少量的桿柱原料。

3. 拆解

鑽除鉚釘後，把車體分解，這輛車分別有內裝、本體、底盤和塑膠擋風玻璃等構造（圖I）。

4. 切割並改造塑型

我用金工專用鋸弓來移除車頂（圖J），風火輪小汽車由薩馬克合金（zamac，即一系列鋅、鋁、鎂及銅壓鑄合金製成。鋅合金的柔軟度足以被切割、研磨、鑽孔和摩砂，可讓你改造金屬車身（如下頁圖K）。我還將塑膠擋風玻璃切下，如下一步驟所示。

5. 製作改造部件

真正的賽車會有個座後置物板，所以我用了一些 SUGRU 塑型黏土將車內乘客那側的空間填滿，以利建製置物板（如下頁圖L），黑色的 SUGRU 呈現出的消光色澤恰到好處。

我用 1/16" 的塑膠棒材為材料，手工製作了一個翻車保護桿，再用燭火小心加熱塑膠棒，使其軟化到恰好可彎曲的程度，然後將塑膠棒維持在所需角度，直到它冷卻固

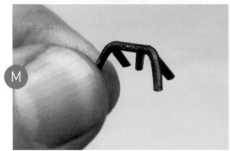

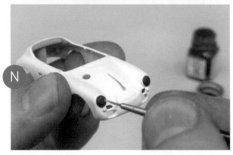

定。我使用溶劑型接著劑丁酮（MEK）將各塑膠棒黏合固定，以製成翻車保護桿和支柱，接著再塗上消光黑（圖M）。

6. 上漆

真正的賽車車體基本顏色為白色，所以我在車身上噴了些底漆和白色固態瓷漆，細節部分再以黑色、銀色和紅色瓷漆塗上（圖N和O）。

我還用彎折的苯乙烯薄片做了一個引擎蓋小把手，並漆成銀色，再用強力膠將其固定在位。

7. 重新組裝

將車體桿柱按壓回底盤的孔洞內，通常柱子還會有足夠的摩擦力和長度將車體微微接合，以利展示，若想讓車子重組後更堅固，請在柱子上鑽孔攻牙，然後用2-56螺絲重新組裝。

8. 製作貼紙

為了製作貼紙，我在網路上找了Mobil Pegasus和其他商標的圖樣，接著又找了相配的字體來製作數字和駕駛姓名等文字圖樣，你必須用雷射印表機專用列印貼紙來印，因為噴墨式的墨水印出來不防水。

請修剪貼紙，讓貼紙在水裡分開，再滑動貼紙到車身上適當的位置：大功告成了（圖P）！看起來就像真的車一樣！

這就是最終成品，把車子放回原本的包裝，加上收藏用的保護殼，就可以展出了（圖Q）！你還是可以打開包裝把玩。

該你上場囉！

現在輪到你了！你想製作哪款酷炫的風火輪小汽車？閃閃發光的金屬展示車？Rat rod街頭賽車？特製輻條輪的Lowrider（跳跳車）？Postapocalyptic末日怪獸卡車？一切由你決定！

最後，祝風火輪小汽車50歲生日快樂囉！

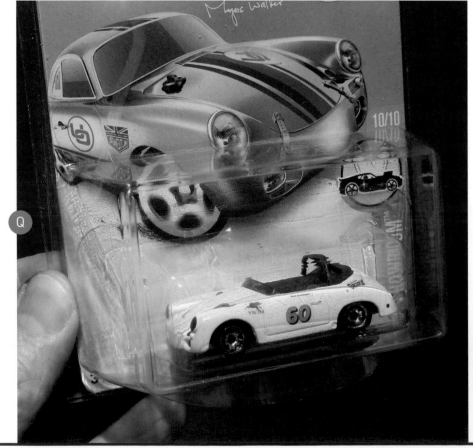

風火輪小汽車的歷史：
hotwheels.mattel.com/explore/HW_50th
零件與油漆：redlineshop.com
專業改造、汽車修復及改造請參閱YouTube頻道「BaremetalHW」

1+2+3

視線離不開你的道具眼球

文：愛德華多・塔爾伯特
譯：張婉秦

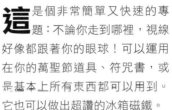

這是個非常簡單又快速的專題：不論你走到哪裡，視線好像都跟著你的眼球！可以運用在你的萬聖節道具、符咒書，或是基本上所有東西都可以用到。它也可以做出超讚的冰箱磁鐵。

1. 眼睛的虹膜

在網路上找到眼睛的圖片然後列印出來（圖**A**），將虹膜直徑切至約 $1/2"$。我喜歡這張萬聖節道具眼球參考圖「Terra's Eye」（makezine. com/go/terra-eye）。

在透明玻璃的背面塗上黏膠（圖**B**），將虹膜面朝下貼上，然後用力把空氣產生的氣泡壓平（圖**C**）。風乾後加上第二面虹膜，像蝶谷巴特拼貼一樣貼上。

2. 微血管

挑出幾撮紅色的紗線（圖**D**），然後在透明玻璃的背面排列（圖**E**）。如果從旁邊露出來也沒關係。最後用黏膠塗上。

3. 眼白

在黏膠還沒乾的時候，用白紙覆蓋住眼睛的背面，把泡泡用力擠出，然後等它晾乾（圖**F**）。剪掉超出邊緣的紗線與白紙。想要讓眼睛更耐用，就再拼貼一次。

大功告成！

現在有雙會跟蹤你的眼球了。把它放在布景上當道具，或放冰箱上當磁鐵，讓它面對著你。現在你隨便走走，看看那雙眼球有沒有盯著你！ ◐

時間：
20～30分鐘

難度：
簡單

成本：
5～10美元

材料：
» 透明玻璃「寶石」，1"（2）
  又稱作扁平玻璃、玻璃鵝卵石…等。
» 白色列印紙
» 紅色或勃根地色的紗線，磨損過的（可選用）用來當微血管
» 道具或磁鐵（可選用）

工具：
» 電腦和印表機
» Mod Podge 拼貼膠 或是其他透明的速乾膠水
» 小支的畫筆
» 剪刀

**愛德華多・塔爾伯特
Eduardo Talbert**
是位父親與丈夫，有三個很難控制的兒子和一位完美的老婆。同時也在 monstertutorials.com 網站上製作「怪物與 DIY 教學」。

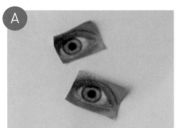

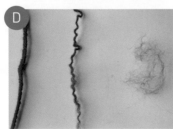

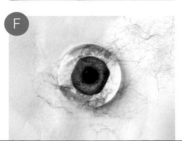

Holden Johnson

Maker Share
Mission to Make:
Editors' Choice

Racing Robots

競速機器人

以機器人拉力賽為靈感的開源遊戲「RoboRuckus」，用真正的機器人勇闖障礙賽道

文：山姆・葛洛夫曼　譯：屠建明

　　我和朋友一直很喜歡機器人拉力賽（RoboRally）這款經典桌遊，因此用真正的機器人來把它升級的想法在我們心中揮之不去。當然，我們這款完全開源的RoboRuckus遊戲在實際執行的過程也充滿挑戰。

架構

　　玩家控制機器人，引導它穿越障礙場地，依序觸碰最多四個關卡。每個回合玩家會收到動作指示牌（向前、左轉、後退等），接著從手牌選五張做為機器人這回合的動作（圖Ⓐ）。選擇後就不能改動作。所有玩家都選好機器人的動作後，所有機器人同時出發、互相推擠、爭相抵達關卡。

導航

　　光學循跡是最簡單也最常見的方法，但這需要在場地上畫滿高對比的線條。我們最後想出來的解決方法是採用磁性循跡，以磁性雙面膠帶和霍爾效應感測器模擬光學循跡使用的光感應。後來我們用更可靠的磁力計來取代霍爾效應感測器。

機器人

　　本著單純和平價的原則，我決定用AA電池盒做機器人的機身，以連續旋轉伺服馬達做為動力。機器人的使用者回饋以七段LED顯示器和壓電式蜂鳴器提供，並透過Wi-Fi連線到控制伺服器。

　　我們的第一代原型（圖Ⓑ）由Arduino Pro Mini控制。這時我們發現霍爾效應感測器的敏感度不足以追蹤紙板另一側的磁膠帶。我們用一前一後的數位羅盤取代感測器，讓機器人能前進和後退。這個功能需要兩個I2C匯流排，所以我們用Teensy LC取代Arduino Pro Mini。

　　到第二代原型（圖Ⓒ），我們發現在大

山姆・葛洛夫曼
Sam Groveman
擁有化學博士學位，但一直很喜歡用電腦和電子元件動手做有趣的專題。

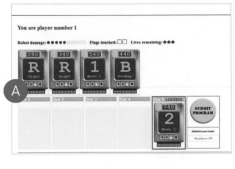

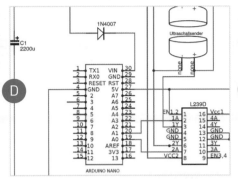

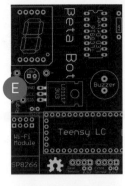

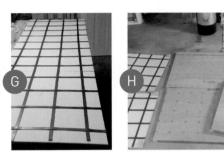

略的直線上前進和後退很簡單,但在轉彎時追蹤膠帶磁場的變化太複雜,無法穩定運作。幸運的是,我找到一款9-DOF擴充板,它以相同的數位羅盤結合數位陀螺儀,輕鬆在轉彎時進行循跡。

設計定案後,我用EAGLE畫了一些電路圖(圖 D)(可於github.com/ShVerni/RoboRuckus下載),用來向OSH Park訂購特製PCB(圖 E),藉此加速製造程序,也更美觀。就這樣,我們打造出機器人大軍,還加上了一點花樣(圖 F)。

遊戲板

因為最後機器人最大的尺寸是4",我決定把遊戲板做成12×12的5"方塊網格,畫在1/8"合板上。接著我們貼上磁性膠帶網格(圖 G),並把遊戲板切成九個4×4方塊,方便運送和組裝(圖 H)。我重畫出經典的RoboRally遊戲板(並稍作修改),讓它有足以列印成所需尺寸的解析度(印在聚氯乙烯材質上,讓連接處更平滑)。

在持續測試和微調機器人的過程中,我們發現遊戲板產生扭曲,而且合板底面的磁性膠帶的對比不夠,無法穩定追蹤,尤其在兩條膠帶交會重疊的地方。最後我們重新設計,改用更厚、更耐用的1/2"密集板。磁性膠帶也改為放置於頂面,讓它和感測器更接近,並在每個交會處嵌入稀土(釹)磁鐵,確保在這些地方的磁場顯著高於線條。交會處都裝上磁鐵後,我們安裝磁條(圖 I)。這些新設計顯著提升了機器人的性能,而且原本的聚氯乙烯墊還能繼續使用。

程式碼

RoboRally的規則相對簡單,以演算法為歸依,所以很順利地轉譯成電腦程式碼。遊戲伺服器本身在以樹莓派運作,由它廣播自己的Wi-Fi網路。樹莓派上執行的ASP.NET 核心提供所有玩家和機器人連線的網路介面。如此遊戲伺服器就能協調遊戲運作、機器人位置和玩家輸入。

動手做

雖然我們對遊戲成品相當滿意,還是有一些我們想改進的地方,其中最主要的是給機器人3D列印的底盤。此外,我們也想重新設計電源,為伺服馬達提供更穩定的電壓,考慮使用鋰離子聚合物電池。

我們每個月斷斷續續進行了一年才讓這個專題達到可以運作的狀態,但因為已經克服了主要的障礙,我相信一個小團隊努力做一個周末就能打造出自己的版本。🔵

[+]歡迎到makershare.com/projects/roboruckus和roboruckus.com閱讀更多關於RoboRuckus的故事和參考詳細製做說明。

[+]本期的其他「Mission to Make」精華都在第80頁的「Show & Tell」,也可以在makershare.com/missions/mission-make-vol-65線上閱讀原文版。

文：塔克·沙農　譯：屠建明

Write On Time

寫「時」機器人
打造小巧的機器手臂寫出冷光報時數字

A

Tucker Shannon

塔克·沙農
Tucker Shannon
來自奧勒岡州本德（Bend）的機械與軟體工程師。他喜歡結合藝術、改造和工程來創作。

我 的夜光書寫時鐘使用了Arduino Uno、兩個9g伺服馬達，一顆UV LED和一種磷光材質來書寫時間。按下按鈕後，機器手臂會在螢幕上寫出發光數字，幾分鐘後才褪去。

這個專題靈感來自德國紐倫堡的約翰尼斯·賀伯萊恩（Johannes Heberlein）的白板書寫時鐘（thingiverse.com/thing:248009），它會用白板筆寫出時間後再擦掉！

我很喜歡這款時鐘，但我想要一個比白板筆更持久的書寫系統，所以我選用夜光材質來取代白板，因為它能產生美麗的發光效果、會自己消失，而且不會沒墨水。這種發光效果加上3D列印外殼，就能保證這座書寫時鐘能穩定地運作好幾年。

我先前做的書寫時鐘採用比較貴的UV雷射，這次改用效果相同但便宜非常多的UV LED。這個專題所需的全部零件，從AliExpress購買其實只要8美元左右，比雷射還便宜，但貨要很久才會送到。如果你對品質和到貨時間有疑慮，用Amazon和Arduino官網比較可靠。

3D列印檔案和Arduino程式碼可以從thingiverse.com/thing:2833916下載，在這裡也有所有需要的AliExpress連結。如果你有雷射切割機可以用，我也做了雷射切割版本，放在thingiverse.com/thing:2845462（圖A）。

打造發光書寫時鐘

我做了一支組裝教學影片放在youtu.

be/-MnolVyKqvo，讓你可以觀看組裝過程。以下是簡單的逐步說明：

1.列印（或切割）零件

覓得所有列出的元件，並以Thingiverse上的檔案3D列印（或雷射切割）外殼和手臂。列印時使用PLA或ABS，無支撐。我用的是PLA，但多數材質都適用。

2.連接電路

把兩條線焊接到順時按鈕開關的端子、兩條到5mm UV LED。把伺服馬達裝入外殼的前端，並把LED的線穿過前端。

用M3螺絲把Arduino Uno固定到外殼內側。依照電路圖（圖B）把線焊接到實時時鐘（RTC）模組，接著用M3螺絲把RTC固定在外殼內部。

接著仔細依照電路圖把RTC、伺服馬達、按鈕和LED的線連接到Arduino。

3.組裝外殼和手臂

用M3螺絲連接外殼的正面、頂面和底面（圖C），接著用M3螺絲連接手臂所有部分。

把LED裝進手臂中，接著把聚焦錐裝在LED上。

將伺服擺臂裝在手臂上，最後把整支手臂裝到外殼上（圖D）。

把發光貼片切割成適當尺寸並貼到外殼正面。在底面裝上橡膠腳墊。

4.校正並上傳程式碼

把Arduino接上電腦，在電腦打開Arduino IDE，接著依照我的程式碼和校正教學影片（youtu.be/4viW9ADqX2w）操作。我們要安裝麥可·馬戈里斯（Michael Margolis）撰寫的「Time」和DS1307 RTC資料庫，設定RTC的時間，接著校正專題程式碼檔案*Arduino_Code_Glow_Plot_Clock.ino*（圖E），讓伺服馬達在發光貼片上能畫出完美的四角形，這樣就能把時間寫在正確的位置。

我的程式碼是修改白板書寫時鐘的程式碼而來，變更了一些地方以適用我的發光設計：

» 把3個伺服馬達改成2個
» 12時制和24時制的切換功能
» 以按鈕控制，取代每分鐘寫一次
» 不同的伺服馬達校正方法

用點亮LED的做法取代以白板筆接觸表面的方式

開始報時

現在只要按下按鈕，書寫時鐘的機器手臂就會用發光的綠色寫出時間，在黑暗中看起來很酷（圖F），而且在白天也清楚易讀（圖G）。

歡迎到makershare.com/projects/glow-dark-uvplot-clock-diy分享你的作品和留言。在我的YouTube頻道Tucks Projects還有一個新的雷射版本，它可以報氣象、使用Google語音和寫訊息。◗

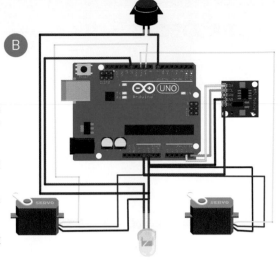

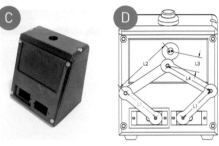

DIY
Sunburn
Sensors

文：佛瑞斯特．M. 密馬斯三世　譯：屠建明

自家實驗室：DIY 防曬感測器
打造測量太陽紫外線的感測器

紫外線指數
（當地晴天正午）

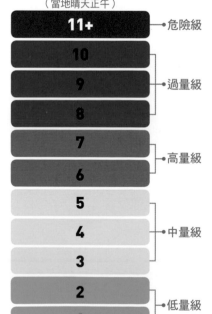

11+	危險級
10	過量級
9	
8	
7	高量級
6	
5	中量級
4	
3	
2	低量級
1	

太陽光是我們生存的關鍵，但太多好東西也會造成傷害。看不見的太陽光紫外（UV）波長就是這個道理，因為接受太多的 UV 會造成曬傷，甚至可能導致皮膚癌。然而適度的曝曬是很重要的，因為哺乳類和爬蟲類動物都依賴紫外線來產生幫助骨骼生長和對抗某些疾病的維生素 D。

紫外線與健康

光是以坡常來定義。例如接近人類視覺最高靈敏度的綠光波長是 500 奈米（nm），即半微米。如果我們能看見 UV 波長，它會出現在彩虹裡紫色的旁邊。UV 波長分為三類，對動植物各有不同的影響：

» **UVA：320 到 400 nm。** UVA 穿透皮膚的深度超過 UVB 和 UVC。過量的 UVA 可導致皮膚皺紋。近期研究指出過量 UVA 也可能導致皮膚癌。

» **UVB：280 到 320 nm。** UVB 大部分由臭氧層吸收，但穿透的部分會在皮乎產生曬傷前出現的紅斑。過量的 UVB 可能導致皮膚癌。UVB 也會傷害眼睛。

» **UVC：100 到 280 nm。** UVC 能快速殺死病毒和細菌。它由皮膚最上層的死細胞吸收，不產生紅斑。活的皮膚細胞暴露於 UVC 可能導致紅斑。UVC 也會傷害眼睛。幸運的是，UVC 被臭氧層完全阻擋。

在自己的影子比身高短的時候，UVB 的暴露最好限制在幾分鐘以內。我們可以擦防曬乳、戴遮陽的帽子，和穿長袖衣服來降低暴露。在 epa.gov/sunsafety 有更多關於 UV 傷害的資訊可以參考。

對多數人而言，沒有必要完全隔絕 UV，因為 UV 可刺激皮膚產生維生素 D。維生素 D 幫助身體代謝鈣質，並預防孩童的佝僂病和老年人的骨質疏鬆，甚至可能預防數種體內癌症。在 vitamindcouncil.org 網站有更多關於維生素 D 的資訊。

紫外線指數

產生紅斑的波長主要是 UVB 的 295 到 320nm 之間，但也包含部分的 UVA，最高到 370nm。這個波長範圍稱為「紅斑作用光譜」，其強度以 UV 指數（UVI）定義：

» 低量級：0–2
» 中量級：3–5
» 高量級：6–7
» 過量級：8–10
» 危險級：11+

UVI 的峰值出現在夏季。在我居住的德州可以達到 12，而在夏威夷的莫納羅亞天文臺可以達到 20。美國國家海洋暨大氣總署（NOAA）和環境保護局（EPA）在 epa.gov/sunsafety/uv-index-1 提供 UVI 預報。

打造簡單的 UVA-UVB 測量計

氮化鋁鎵（AlGaN）光二極體讓 UV 測量簡單很多，因為不需要昂貴的濾鏡。採用 AlGaN 光二極體的 UV 感測器有很多種，其一是 Adafruit 的 GUVA-S12SD 類比 UV 光感測器（圖 ），採用 Roithner LaserTechnik 生產的 GenUV GUVA-S12SD GaN 光二極體，能感應 240 到 370nm 的波長。雖然這種二極體廣泛用於測量 UV 指數，它有一個不理想的地方在於對 UVA 的敏感度高於 UVB。

圖 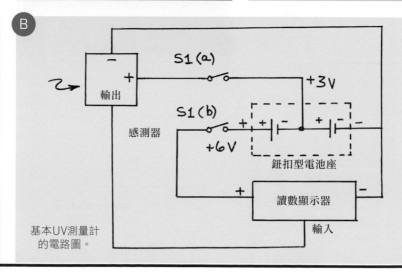 是採用這個 Adafruit 感測器的簡單 UV 測量計接線圖。讀數以 3½ 位數的 Lascar EMV 1025S-01 LCD 伏特計顯示。它的連接線是從中空螺紋的螺樁拉出來，讓伏特計連接到平坦表面。

這個顯示器電源來自安裝在 Mini Skater 雙 CR2032 鈕扣型電池座的一對 3V 鈕扣型鋰電池，共 6V。在電池座，我把連接內部兩個電池的共同觸點一端露出的 ¾" 繞線絞在一起，為感測器提供 +3V 電源。把電池裝入並關閉電池座就能把這段 3V 的線固定。

這些元件可以整齊安裝在一個 3" × 1½" × ¾" 的 Altoids Arctic 薄荷糖盒裡面（圖 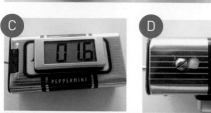）。UV 感測器可以容納在薄荷糖盒凹入的蓋子內，用一組 ¼" 或 ½" 6-32 螺絲和螺帽固定，或者可以和我一樣安裝在盒內。這麼做的話需要在盒子上面鑽兩個孔：在離 UV 光二極體 9/16" 的地方需要一個 1/8" 的孔，離 2-56 螺絲和螺帽 7/16" 處需要一個相鄰的 3/32" 的孔，用來固定感測器板（圖 ）。

為了對天空進行更完整的感應，請在光二極體和盒子的孔之間插入兩層鐵氟龍膜。使用鐵氟龍的原因是其他散射材質大多無法傳送 UV。

時間：
2～3小時

難度：
中等

成本：
15～75美元

材料

» 類比 UV 感測器板，搭配 GUVAS12SD 感測器，Adafruit #1918，adafruit.com
» 雙 CR2032 鈕扣型電池座，搭配開關 Amazon #B074FZYCKP
» 迷你 DPDT 雙軸雙切開關（2）
» 面板伏特計 LCD 顯示器 Lascar EMV 1025S-01，lascarelectronics.com
» Altoids Arctic 薄荷糖盒
» 繞線 28 或 30 AWG 線規
» PVC 管，¼" ID，17/32" OD，長 11/16"
» 2-56 螺絲及螺帽
» 鐵氟龍膜 於縫紉材料行購買
» » 鐵氟龍盤，直徑 ½"，厚 0.4mm 我用的是 Cox#49DDISC，coxengines.ca

可選用：
» 資料記錄器，Onset 4 頻套，16 位元 onsetcomp.com
» 迷你音訊插頭
» UVB 光二極體，SMD 封裝，Roithner#GUVB-S11SD，roithner-laser.com/pd_uv.html
» 電阻，10MΩ，SMD 封裝

工具

» 伏特計
» 繞線工具
» 斜口鉗
» 高速旋轉工具 如 Dremel
» 烙鐵及銲錫 以低功率 USB 烙鐵為佳

基本 UV 測量計的電路圖。

S1(a)
S1(b)
輸出
感測器
+3V
+6V
鈕扣型電池座
讀數顯示器
輸入

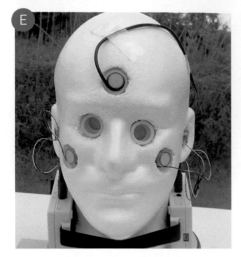

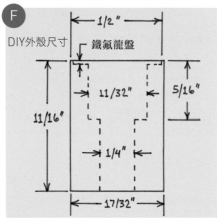

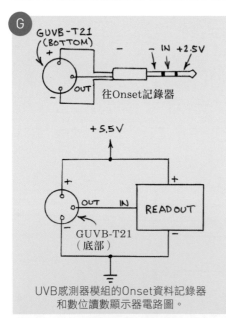

改造 UVB 測量計

如果要大幅提升 Adafruit UV 感測器對 UVI 達 3 以上的紅斑作用光譜敏感度，可以用 GUVB-S11SD UVB 光二極體替換，並把回饋電阻器增加到 10 百萬歐姆。雖然這樣的改造對 3 以上的 UVI 有效，低的 UV 數值會產生錯誤讀數。

首先在工作檯上鋪一塊白毛巾，這樣如果有小零件掉落就不會弄丟。接著用極尖頭的烙鐵（例如 Mega Power USB 烙鐵）來謹慎地移除原本的光二極體和上面的回饋電阻器。我的技巧是先熔化光二極體其中一邊的焊錫，接著把它向上彎，然後再熔化另一邊的焊錫。這樣就有空間能用吸錫線來吸收固定電阻器的焊錫。

接下來用紙膠帶固定新的光二極體的其中一邊。晶片角落的凹口必須面向「Sensor」這個字的 S。小心地加熱晶片和電路板之間暴露的連接點來融化兩者間的焊錫。必要時，添加一點非常薄（0.02"）的焊錫。接著移除膠帶並焊接晶片的另一端。重複相同的步驟，用 10 百萬歐姆的電阻器替換原本的回饋電阻器。我在三個 Adafruit UV 感測器上這樣處理，其中一個失敗，剩下兩個適用 3 以上的 UV 指數。然而如果你沒有移除和安裝微小的表面黏著型晶片的經驗，我不建議這樣改造。

高品質 UVB 感測器

我做 DIY UV 指數計最好的成果是採用 Roithner 出品的 GenUV GUVB-T21GH 感測器模組。這款模組以 TO-5 外殼搭載 AlGaN UVB 光二極體和放大器，搭配石英窗口。它的效果好到我現在用 7 個在旋轉的人頭模型上測量 UVB（圖 E），這是為了一個 Rolex 贊助在夏威夷島上的 UV 測量計劃。人頭模型每天旋轉 1,000 次，搭配各種帽子和太陽眼鏡。

本計劃的顧問、美國的地球科學研究教育學院（Institute for Earth Science Research and Education）的大衛·布魯克斯（David Brooks）為感測器模組製作支架，讓它們有和要價數百美元的專業級 UV 感測器相近的光學感應能力。他的 DIY 支架是以 1/4" ID PVC 切割，裝上 1/2"，厚 0.4mm 的鐵氟龍盤（圖 F）。成果讓 38 美元（不含運費）的模組成本沒有白花。

如前述，GUVB-T21GH 可以連接到 Lascar 讀數顯示器，而兩者可以用相同的改造版 6V 鈕扣型電池座來供電。在我的研究計劃裡，GUVB-T21GH 是用繞線焊接到迷你音訊插頭來直接連接到一個 Onset 12 位元或 16 位元類比資料記錄器，為感測器提供 2.5V 電壓。

圖 G 是這兩種方法的連接方式。圖 H 是 GUVBT21GH 模組安裝在 Altoids 盒子的樣子。

你可以用 NOAA/EPA 對你所在地的每小時 UV 指數預報來把模組的電壓值換算成概略的 UV 指數，如圖 I。用試算表畫出可以貼在儀器上或放在口袋裡的圖表。GUVB-T21GH 搭配鐵氟龍散射片的高品質從圖 J 可以看出來，這裡比較我們的 DIY 感測器和昂貴很多的 Solar Light PMA1102 UV 感測器。●

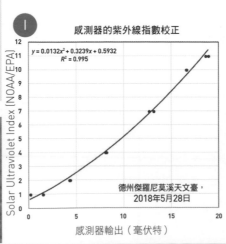

感測器的紫外線指數校正

$y = 0.0132x^2 + 0.3239x + 0.5932$
$R^2 = 0.995$

德州傑羅尼莫溪天文臺，2018年5月28日

Solar Ultraviolet Index (NOAA/EPA)

感測器輸出（毫伏特）

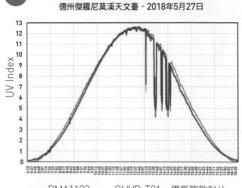

比較校正後的 PMA1102 和 GUVB-T21
德州傑羅尼莫溪天文臺，2018年5月27日

UV Index

── PMA1102 ── GUVB-T21 + 鐵氟龍散射片

UVB 感測器模組的 Onset 資料記錄器和數位讀數顯示器電路圖。

Forrest M. Mims III

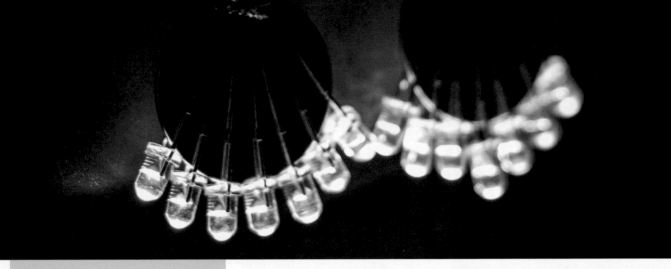

時間：
1～3小時

難度：
簡單

成本：
5美元

材料

» LED，3mm（14）
» 電線，單芯線，約2"～3"
» 紙板
» 鈕扣電池，3V（2）
» C圈（4）
» 耳鉤（2）

工具

» 烙鐵
» 剪刀
» 斜口鉗／剝線鉗
» 鑷子

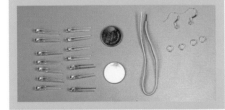

克萊爾‧梅森
Clare Mason
一位在西雅圖都會區工作的科技迷。喜愛手工藝和程式設計，更喜歡兩者同時並行。歡迎前往推特搜尋 @makeandfake 了解更多她的創意作品。

Flashy Fashion

發光時尚 文：克萊爾‧梅森 譯：編輯部

用美麗的LED耳環打造宴會「亮」點

出席一場華麗的活動之前，我的朋友請我幫她製作一些可以發光的耳環。我必須將它設計得很輕便，也希望它在日常配戴時不需要放上電池。我從一個小型的3V鈕扣電池開始，嘗試搭配LED直到符合需求。這是我最後想出來的設計。

從那時起，我為不同的人製作了多對耳環，每次都混合了不同顏色和尺寸的LED。 我也使用這個專題來向人們介紹電子元件，因為只需用最少量的焊接建立一個簡單的電路。最後，大家都能把美麗的耳環帶回家。

1. 製作模板

將你的電池描畫到一塊厚度與電池相同的紙板上，然後將它切割下來（圖Ⓐ和圖Ⓑ）。這是用來幫助你在焊接時擺放和固定LED位置的模板。

2. 對齊 LED

將紙板模板夾進每顆LED的腳與腳之間。將它們排列整齊，塑造成你想要的耳環形狀（圖Ⓒ）。確保所有的正極接腳對齊模板的其中一側，負極接腳對齊另一側。如果你不確定LED的極性，可以隨時用電池檢查。

3. 焊接 LED

從正極接腳（較長一邊）那側開始，將一段單芯線剝去外層絕緣皮，然後儘可能靠近LED頂端焊接上去，穿過所有正極接腳，將它們全部連接在一起（圖Ⓓ）。修剪多餘的電線。

將另一段單芯線焊接到負極接腳那一側。這次將導線放在接腳的 $3/4$ 處並將其焊接到位（圖Ⓔ）。修剪連接的電線。

這個V形可以將電池固定住。你可以塞進電池進行測試，以確保它正常運作且LED會亮起。如果需要的話，可以彎曲LED接腳，讓其能夠更牢固地卡住電池。

4. 安裝耳環掛鉤

將C圈焊接到正極側（圖Ⓕ）的頂端。接著，在焊接好的C圈上再裝上另一個C

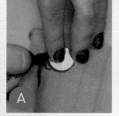
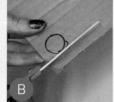

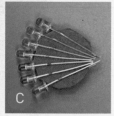

A B

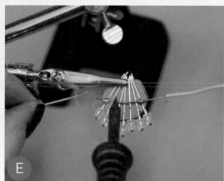

C D

E

F

文、攝影：梅亞・松田　譯：編輯部

1+2+3 回收材料做耳環
單車內胎升級再造 變身優雅飾品

橡膠內胎（又可稱為「純素皮革」），是一種耐用的廢棄材料，不僅能變身有趣的DIY材料，還能改造成珠寶首飾、皮夾、皮帶和其他物件。這副耳環會是讓你和別人展開話題的好工具！

前往當地單車店家詢問他們是否有不要的破洞內胎。我用的是公路車的內胎，所以比較細。

1. 切割

依照你想要的長度，將內胎切成平行四邊形的形狀。並在上面切割出數條平行的線條，每條線距離1公分（如果你的內胎是扁平的，可以留5mm）。為了美觀，請保持所有切割線條平行，寬度和長度維持一致。

2. 翻轉

將第一片「羽毛」向上穿過內胎頂端來向外翻轉。接著以同樣方式翻轉第二片羽毛。手握內胎的頂端，穿過第三片羽毛，小心翼翼拉到底，好讓第三片羽毛也能向外翻。接下來，依序每隔一片羽毛就進行同樣的動作。

3. 裝上耳鉤

將內胎耳環洗淨，並在頂端穿洞。把C圈穿過該洞，接著套上耳鉤，然後將開口處閉合。

現在你可以盡情展示耳環了！歡迎進行各種改造，你可以選擇不同種類的內胎，調整耳環長度和羽毛的寬度，然後得到大家的讚美！

時間：
1小時

難度：
簡單

成本：
1～5美元

材料：
» 老舊單車內胎、C圈（2）、耳鉤（2）

工具：
» 剪刀、圖釘、尖嘴鉗

1

2

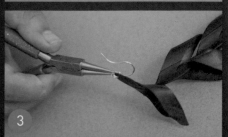

3

William Lambrecht

圈，然後把耳環掛鉤安裝上去（圖 **G**）。

將電池塞入，你的耳環已經準備就緒！只要重複上述的過程就能打造出一對匹配的耳環。不管配戴的時候放不放電池，你都會看起來很棒！

自由變化 LED 耳環！

使用更多或更少的LED，取決於LED的尺寸和個人喜好。隨意玩玩各種尺寸和顏色的LED，製作出符合你個人風格的耳環！

梅亞・松田
Meia Matsuda
Innercycled 創辦人，畢業於加州大學柏克萊分校，就讀永續環境設計。喜愛旅遊、設計、重新思考廢棄物，瘋狂鑽研都市計劃領域。

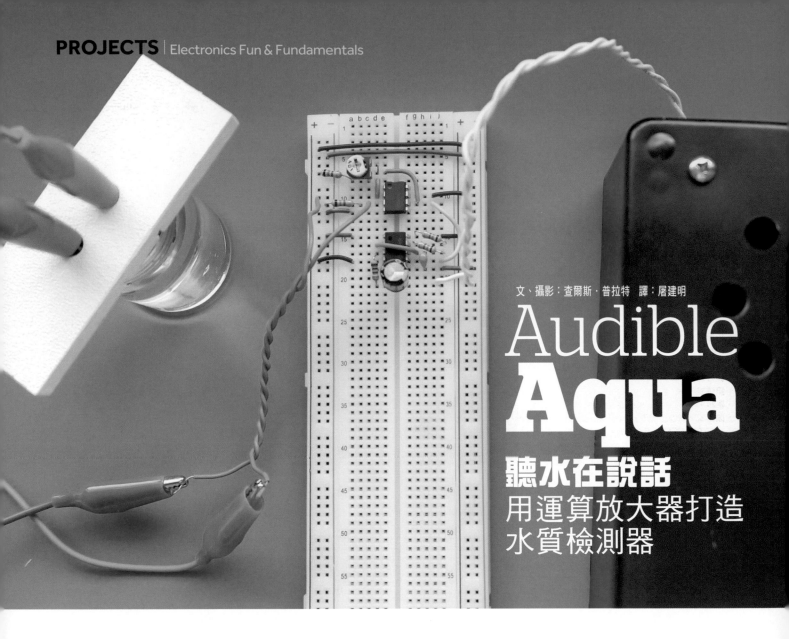

文、攝影：查爾斯‧普拉特　譯：屠建明

Audible Aqua

聽水在說話
用運算放大器打造水質檢測器

人 在浴缸裡會觸電嗎？當然會，但這是因為水質不純。很多人不知道純水是不導電的，這是因為水的氫和氧原子沒有自由電子。在一般居家的水源裡是鈉、鈣和鎂的鹽類這些雜質讓電子流動。

這個有趣的特性讓我們能透過測量水的電阻來得知它的純度。電阻愈高，水就愈純（但這種測試無法發現有機化合物等汙染物）。

這個專題的簡單電路無須萬用電表就能檢測水樣本。

分壓器

此專題的基本概念是在「分壓器」裡加入少量的水，接著把分壓器的輸出和參考電壓比較，並將兩者的差異放大。當輸出電壓傳送到計時器晶片，我們會聽到一個依水的純度而變化的聲音。

圖 Ⓐ 說明分壓器的概念。當輸入電壓（Vin）施於兩個串連的電阻器，我們就能在電阻器之間的點計算輸出電壓（Vout）。如果兩個電阻器的值一樣，Vout 就是 Vin 的一半。如果 R1 的值是 R2 的兩倍，Vout 就是 Vin 的三分之一。以此類推。（如果在輸出增加顯著的負載，Vout 就會下降。）

如果以水樣本取代 R1，Vout 就會隨樣本的純度而變化。如此就能拿它和第二個分壓器產生的恆定參考電壓（Vref）比較，如圖 Ⓑ。

運算放大器

Vout 和 Vref 之間的差異可能很小，所以我們需要把它放大。這項工作透過「運算放大器」就能輕鬆完成，例如可以用大家信賴的 LM741。圖 Ⓒ 裡有運算放大器的符號，不過在很多電路圖中會把電源省略。

三角形內的加號和減號是用來分別表示「非反相」和「反相」輸入。非反相輸入上升時，運算放大器的輸出會上升，並且在反相輸入上升時下降。

圖 Ⓓ 顯示運算放大器在電路中以水樣本和參考電壓做為輸入。我用電位計替換其中一個電阻器，這樣就能透過對反相輸入的負回饋來控制放大功率（網路上也能找到很多其他連接運算放大器的方式）。圖 Ⓔ 是 LM741 晶片的腳位功能。

我把 LM741 的輸出連接到 555 計時器，用計時器的第 5 腳位控制聲音頻率。圖 Ⓕ 的電路圖以麵包板的接線方式完整呈現。我的著作《圖解電子實驗專題製作》中有更多關於計時器晶片的資訊。

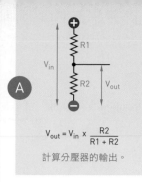

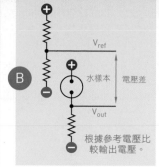

$$V_{out} = V_{in} \times \frac{R2}{R1 + R2}$$

計算分壓器的輸出。

根據參考電壓比較輸出電壓。

運算放大器的電路圖符號。

時間：
1～2小時

難度：
簡單

成本：
10～20美元

材料

- » 麵包板，雙匯流排
- » 插線，附鱷魚夾（2）
- » 9V 電池
- » 小杯子（6）盛裝液體樣本
- » 美分硬幣（2）作為電極
- » 塑膠或合板，約 ¼"×1"×3"
- » 跳線，長 1" 以下（10）用於麵包板
- » 擴音器，直徑 2" 或 3"，8Ω
- » LM741 運放大器 IC 晶片
- » 555 計時器 IC 晶片
- » 電阻：100Ω（1）和 15kΩ（4）
- » 微調電位計，100kΩ
- » 陶瓷電容器，0.1μF
- » 電解電容器，100μF

工具

- » 斜切鋸或手鋸
- » 電鑽和 ¼" 鑽頭
- » 剝線鉗

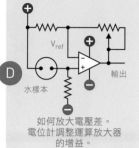

如何放大電壓差。電位計調整運算放大器的增益。

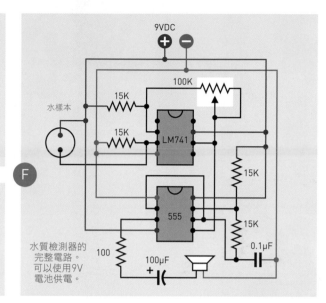

水質檢測器的完整電路。可以使用9V電池供電。

運算放大器的內部連接。

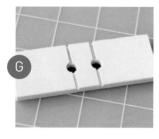

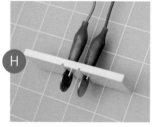

檢測液體

市售電阻式水質檢測裝置採用的傳導材質是鉑，這超出我的預算，所以我改用兩個美分硬幣。盡可能找新的、光亮的硬幣。

固定硬幣的方式可以採用約 1"×3"，厚 ¼" 的塑膠或合板。鑽出兩個直徑 ¼" 的孔，相距約 ¾"，接著鋸切切線，如圖 G。用鱷魚夾穿過這兩個孔來夾住硬幣，把硬幣拉入切線，維持它們之間固定的距離。組合完成如圖 H。這兩條插線的另一端會連接插入電路的跳線。

這個硬幣架構可以橫跨放置在任何液體裝到快滿的小杯子。我用的是圖 I 的這種小塑膠容器。準備這樣的水樣本組合：蒸餾水、自來水和瓶裝礦泉水（通常含有礦物質）。你也可以嘗試在水中溶解食鹽。樣本要貼標籤，才不會搞混。

記錄完每一種液體的檢測結果後，都要把硬幣拿出來、用衛生紙擦乾，然後檢測下一種液體。如果聽到的聲音音調較高，代表電阻較高，水質也就比較純。

你也可以用其他液體來實驗。我試過漱口水、牛奶和運動飲料（有添加很多礦物質）。

有兩個可能讓檢測結果不一致的因素。其一，空氣中的二氧化碳會快速溶解在水中，產生碳酸；它會解離形成離子，降低樣本的電阻。因此蒸餾水的容器要封口，而且倒入杯子後要盡速檢測。

其二是當直流電通過浸泡於液體的兩個電極之間，正離子會聚集在負電極，而負離子會聚集在正電極，如此會抑制電流，使電阻有增加的現象，而我們會聽到電路的音調逐漸上升。攪拌液體可以減緩這個現象。商業檢測器材克服這個問題的方法是以交流電取代直流電，同時以穩定流速讓液體通過電極。

雖然無法取得精確結果，但還是能看出自來水的導電性比蒸餾水高。如果有人不相信你，就叫他們自己聽聽看吧。

查爾斯·普拉特
Charles Platt

著有適合各年齡層的入門書《圖解電子實驗專題製作》、其續作《圖解電子實驗進階篇》和共三冊的《電子元件百科》（Encyclopedia of Electronic Components）（暫譯）。他的新書《動手做工具教學》（Make: Tools）（暫譯）現正熱賣中。網站：makershed.com/platt。

[+] 如果需要關於用電阻判斷水質純度的技術背景資訊，可以參考 http://www.analytical-chemistry.uoc.gr/files/items/6/618/agwgimometria_2.pdf

Make: 71

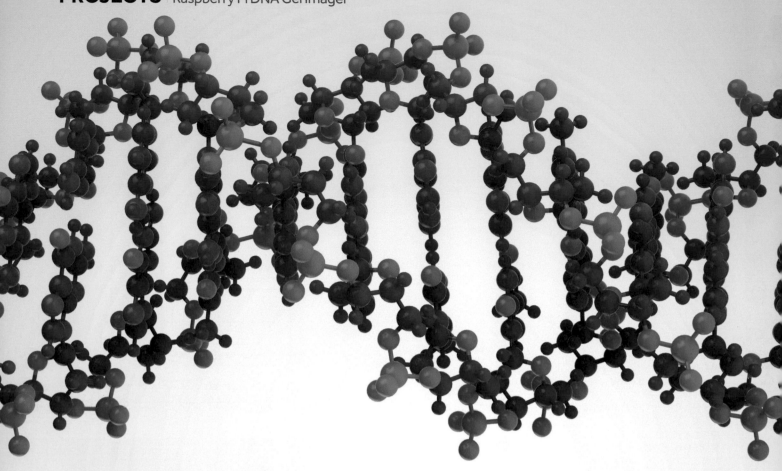

文：琳賽·V.·克拉克博士　譯：屠建明

Documenting DNA
用樹莓派觀察 DNA　微控制板凝膠成像儀記錄生物實驗

所有基因學實驗室和DIY生物駭客都需要DNA和RNA成像的能力，而這方面常用的技術之一是「瓊脂糖凝膠電泳」。樣本會從凝膠的一端放入槽中，接著對凝膠施以電壓梯度，藉由DNA和RNA的負電荷把它們吸引到陽極。較小的DNA和RNA片段在凝膠中移動比較快速，產生依大小排列的片段。

凝膠中有染劑會和DNA及RNA結合，在紫外線燈下發出螢光，因此我們在凝膠移動完成後以UV透照器進行成像。一般會在一個或多個槽中加裝DNA「梯」，提供一致的尺度讓研究人員估測樣本的片段尺寸。也可以切出凝膠的段落來隔離和純化特定的DNA片段。

我們的實驗室有一臺UV透照器，但是要拍攝凝膠照片時，我們原本是依賴其他實驗室的成像儀。拿著溴化乙錠凝膠走來走去有點不方便（也有點危險），而且如果沒有那些實驗室的鑰匙，就要配合別人的時間，而且我很不喜歡麻煩別人。我原本就在思考怎麼用樹莓派做一臺成像儀，因此當我們常拜託的一間實驗室的成像儀壞掉，我終於動手來做。我對光學不熟，所以我在網路上做了一些研究，也找到一些有這方面經驗的人。

整個成像儀花了我們實驗室大概150美元。它有幾個缺點：1）無法縮放或聚焦。這我能接受，因為相機安裝的位置能把任何凝膠都拍得不錯。如果需要出版級的影像，我就會考慮其他做法。2）我拿一個保麗龍盒來用，而不是買或做一個更高級

的。我們在另一個房間的UV透照器已經有UV面罩。如果你要把這個設計放在實驗室中的開放空間，可能需要一個能完全罩住透照器的光的盒子。

設定樹莓派

如果你是樹莓派的新手，請到make zine.com/go/raspberry-pi-gel-imager參考逐步設定過程。Pi和相機設定完成後，輸入

```
raspistill -o ~/Desktop/test.jpg
```

來拍幾張列印紙的測試照片，看看相機和凝膠之間該有多少距離（這裡要確認保麗龍盒有適當尺寸）。可以考慮找人幫忙把老花眼鏡拿在相機前面，讓你拍照。相機板接線的一側對應的是拍出照片的底

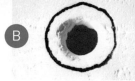

時間：
1小時

難度：
簡單

成本：
150美元

材料

- » **樹莓派開發板、相機、電源和 SD 卡，搭載作業系統** 我覺得直接買套件比較方便，不到 100 美元，還附有 Pi 的外殼。
- » **電腦螢幕** 用於編輯樹莓派程式和檢視影像
- » **USB 鍵盤和滑鼠**
- » **便宜的老花眼鏡** 我在藥局買了 +2.00 的眼鏡；因為聚焦並非完美，所以更高的度數可能效果更好。的相機有一個從 1m 到無限遠的固定焦平。老花眼鏡讓這個焦平更靠近一點。
- » **橘色相機濾鏡** 此項並非絕對必要，但能濾除 UV 燈的炫光，讓影像清晰許多。我還可以把它裝在實驗室的單眼相機上，用來拍出版級的影像。這是針對溴化乙錠凝膠選用的；如果你使用的染劑發出較短波長，橘色就可能不適合。
- » **保麗龍盒** 要能罩住凝膠，外尺寸深約 6" 到 12"。最後我發現如果把盒子抬起來，讓相機距離透照器約 12" 的話聚焦效果更好。

工具

- » 螺絲起子
- » 工具刀
- » 迴紋針
- » 防水膠帶或封箱膠帶
- » 鋁箔

琳賽 · V. · 克拉克博士
Dr. Lindsay V. Clark
伊利諾大學厄巴納 - 香檳分校作物科學學系的植物基因學家，專攻生質草類。她也製作過分析多倍體生物基因標記資料的軟體，並教授 R 程式語言。

邊，但你可以之後再旋轉照片。

打造成像儀

根據元件切割盒子

把保麗龍盒翻成上下顛倒。在中心點描出相機濾鏡的輪廓，接著在之中畫一個較小的圓，做為「光圈」（圖 A）。

直接穿透盒子切割出光圈孔（圖 B）。儘量把光圈孔加寬，同時保留一個能放濾鏡的環。

挖出一個淺圓形來放置濾鏡（圖 C），可以考慮讓它在下方擴展成錐形。

把鏡片從老花眼鏡掏出來，放在濾鏡上（圖 D）。

或者可以把整副眼鏡放在讓其中一個鏡片在濾鏡中央的位置，接著描出眼鏡的輪廓，然後挖出放置眼鏡的淺溝槽，讓眼鏡緊鄰 Pi 相機。

安裝相機

用相機的線把相機連接到 Pi（圖 E）。把幾個大型迴紋針拉開對折，然後穿過相機板的孔。接著把迴紋針壓入盒子，讓相機固定在鏡片正上方（圖 F）。用防水膠帶或封箱膠帶來固定濾鏡、鏡片和 Pi（圖 G），注意不要擋住需要的連接埠。

我拍了幾張測試照片來檢查效果，接著也稍微把光圈加寬。再來我用鋁箔包住整個裝置來阻隔環境光線（圖 H）。圖 I 是放置在透照器上的最終設置狀態。

拍攝樣本

現在可以拍攝凝膠的照片了！根據預設，raspistill 在拍攝前會顯示幾秒鐘的預覽，讓我趁這段時間調整盒子，讓它對齊。圖 J 是拍攝成品。

和一般的電腦一樣，可以用 USB 隨身碟插入樹莓派來取得影像檔案。

Mopic - Adobe Stock, Holden Johnson, Dr. Lindsay V. Clark

線上除錯入門
Get Started with
In-Circuit
Debugging

讓線上除錯器在微控制器運作
過程中監控程式碼

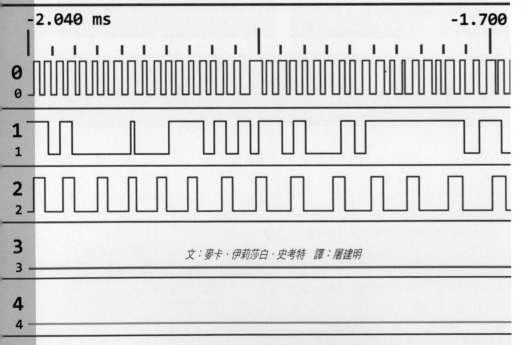

-2.040 ms   -1.700

文：麥卡‧伊莉莎白‧史考特　譯：屠建明

麥卡‧伊莉莎白‧史考特
Micah Elizabeth Scott
電腦工程師和藝術家，亦拍攝關於電子學和逆向工程的影片。

在製作（或拆解）任何複雜物品時，你可能會希望更清楚了解內部的運作。

示波器和邏輯分析器是監控數位電子元件的關鍵工具，而對於嵌入式軟體也意外地好用。透過記錄在檔案的訊息或序列埠，程式碼也有幫助。然而有時候我們真的需要互動式觀察程式的內部，而這對於嵌入式系統而言代表我們需要「線上除錯器（In-Circuit Debugger，ICD）」。

你可能已經在其他地方學過原始層除錯，例如在Xcode或Visual Studio進行桌上型電腦應用程式除錯、在網路瀏覽器控制臺指令碼使用斷點及單步功能，或使用GNU Debugger、WinDbg和LLDB等獨立除錯器。如果你比較熟悉Arduino，可能就對這類工具比較陌生。

「除錯器」一般指個人電腦上的除錯軟體系統、也可以指晶片上要測試的軟體，通常也指晶片內外的某些硬體。很多微控制器有烤進矽裡面的「晶片上除錯器（On-Chip Debugger，OCD）」。

除錯器可以逐行或逐指令來檢查程式碼，並顯示變數的內容，同時可以檢視或編輯記憶體。我們可以全速執行程式，直到遇到稱為「斷點」的刻意程式碼暫停點，這時程式會停止，讓除錯器接手。連接除錯器時，我們一般也可以和處理器的周邊互動、將程式載入快閃記憶體，並讀取快閃記憶體的內容（除非有防止讀取的保護措施！）。

什麼是除錯伺服器？

雖然個人電腦上的除錯軟體保存了程式碼的詳細記憶體映像，但在微控制器上還是需要一些硬體（或軟體）來進行記憶體讀寫、埋設斷點和有系統地執行指令。「除錯伺服器」即為其中一個解決方案。

*GNU除錯器（GDB）*定義一個尤其簡單的伺服器通訊協定，用於序列埠或網路，包含localhost。gdbserver在不同的作業系統有不同的實作。傳統上，這是軟體專有的原件，但這個通訊協定現在常做為與硬體裝置和模擬器之間的閘道。

同樣的道理，現在因為有Eclipse、Visual Studio Code和IDA Pro等工具支援相同的GDB通訊協定，IDE的選項已經遠遠超出基本的GDB指令行。

硬體除錯埠

如果內建在矽晶片上的除錯功能和GDB直接相容的話就方便了，但OCD的優化重點在於將成本和對整體處理器設計的影響性將至最低程度。一般而言，除錯功能是透過和燒錄快閃記憶體所使用相同的連接埠來提供。有些晶片採用供應商專用的通訊協定，但有兩個值得注意的業界標準：JTAG和SWD。

不論通訊協定是哪個，要轉換回USB需要一些硬體。有很多種轉接器可以做為除錯伺服器，只要透過開源的「OpenOCD software」，甚至樹莓派的GPIO腳位或FTDI擴充板等連接埠都可以用。Black Magic Probe（見側欄「除錯利器」）則是在韌體實作除錯伺服器的開源硬體裝置，提供直接連接GDB的虛擬序列埠。

JTAG：首創標準──和JPEG一樣，這不是個好名字，因為不會告訴我們這個標準的作用，只知道是誰設計的：Joint Test Action Group。它在1980年代中晚期設計，1990年標準化，為的是處理難以自動測試的複雜電路板架構。

在電路的層面，JTAG標準（IEEE 1149.1）是一系列可以在裝置之間菊鍊連接的移位暫存器。除錯器可以直接連接到單一裝置，或可以連接單一晶片/多個晶片上的一系列裝置。JTAG表面上看起來像SPI，因為有共用時鐘和單向資料輸入及輸出腳位，但它有測試模式選擇（TMS）腳位。這是晶片選擇嗎？不是。這就是JTAG展現低階的地方。這其實是驅動這個標準所指定的「狀態機」的位元樣式；晶片製造商

以此為基礎來建立自己的JTAG狀態機。

JTAG標準會指定狀態來選擇裝置和讀取其32位元ID碼；JTAG的邊界掃描通訊協定則處理IC上的腳位，進行PCB架構的電性測試。除此之外，它要求裝置特性：FPGA、處理器及記憶體各有專屬的通訊協定。這樣的碎裂性反映了整個嵌入式工具界各自為政的碎裂性！但至少對於現代ARM處理器而言，這些標準對我們有好處。ARM Debug Interface規格定義了標準的「JTAG除錯埠」，搭配存取記憶體、週邊裝置和CPU狀態的方式。根據這些，記憶體對應的暫存器就能修改斷點並控制CPU。

SWD：後起之秀──ARM在JTAG之後把記憶體存取和CPU除錯功能標準化之時，他們也趁機開發了新的替代通訊協定：「序列除錯」（SWD），採用單一雙向資料腳位和現代化的封包結構。腳位數的降低讓SWD適合常見的ARM Cortex-M系列等較小的嵌入式處理器，並且可以在處理器都支援時與JTAG共用腳位。

如果只打算連接處理器上的除錯埠然後執行GDB等高階工具，SWD本身需要知道的大致就是如此而已。設定OpenOCD、GDB和你自己的除錯轉接器的詳細方法會依平臺而異，因此要找到OpenOCD隨附的設定檔中最適合你需求的來做為起點。

如果想要更深入了解除錯（甚至處理器）的運作原理，推薦你從除錯埠開始探索！

⚡

» 更多關於ARM除錯的知識：static.docs.arm.com/ihi0031/c/IHI0031C_debug_interface_as.pdf

» 我為ESP8266寫了一個簡單的網頁SWD記憶體瀏覽器（github.com/scanlime/esp8266-arm-swd）和一篇PoC||GTFO 10.5的文章（archive.org/stream/pocorgtfo10#page/n25/mode/2up）。

» 如果要找更完整的SWD開源實作，試試Black Magic Probe（參閱側欄「除錯利器」）或Free-DAP（github.com/ataradov/free-dap）。

除錯利器攻略

文：赫普·斯瓦迪雅

隨著物聯網和嵌入式裝置興起，資訊安全日益重要。我們讓這些裝置追蹤我們的習慣、管理我們的資料、搬運我們的錢，和看著我們睡覺。讓我們來看幾種專家用來除錯的工具，把它們納入自己的硬體開發技能。有些甚至提供DIY BOM，讓你運用SMD焊接器技巧，同時提升訊號分析知識。

Bus Pirate v3.6

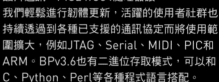

Bus Pirate（adafruit.com/product/237）是廣受歡迎的通用匯流排介面，能透過終端和多數的晶片通訊。PIC24FJ64處理器讓我們輕鬆進行韌體更新，活躍的使用者社群也持續透過到各種已支援的通訊協定而將使用範圍擴大，例如JTAG、Serial、MIDI、PIC和ARM。BPv3.6也有二進位存取模式，可以和C、Python、Perl等各種程式語言搭配。

BOM： dangerousprototypes.com/blog/2012/03/22/bus-pirate-v3-5a-soic-bom

JTAGulator

搭配Parallax Propeller 8處理器設計的JTAGulator（grandideastudio.com/jtagulator）可以用24個包含電壓輸入保護電路的I/O通道進行晶片上存取，保護所有連接的裝置。JTAGulator提供電壓準位轉換和電壓濾波，可調整1.2V到3.3V的目標電壓，而其USB介面提供電源和機上端子存取。支援的目標介面包含JTAG/IEEE 1149.1和UART/非同步序列。

BOM： grandideastudio.com/wp-content/uploads/jtagulator_bom.pdf

Black Magic Probe Mini V2.1

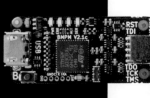

如果常在ARM Cortex空間進行開發，就需要一臺Black Magic Probe（1bitsquared.de/products/black-magic-probe）。以單一裝置處理JTAG和SWD的BMP最大亮點是它的GNU除錯器，無須中介程式，同時提供完整除錯功能。Black Magic Probe Mini V2.1也提供半專屬主機I/O支援，並能在SWD模式下接收TRACESWO診斷。

韌體： github.com/blacksphere/blackmagic/wiki/Debugger-Hardware

Hep Svadja, 1BitSquared

Make: 隆重介紹 KNOW YOUR FIRE EXTINGUISHER

認識滅火器

文、繪：Shing Yin Khor
譯：屠建明

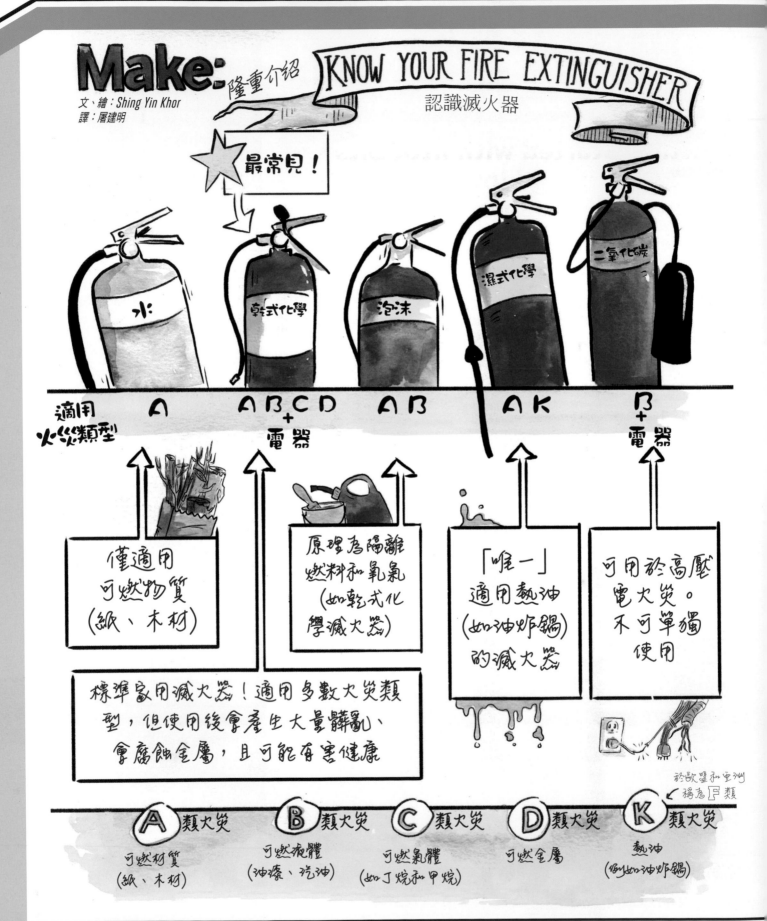

最常見！

適用火災類型

水	乾式化學	泡沫	濕式化學	二氧化碳
A	ABCD+電器	AB	AK	B+電器

僅適用可燃物質（紙、木材）

原理為隔離燃料和氧氣（如乾式化學滅火器）

「唯一」適用熱油（如油炸鍋）的滅火器

可用於高壓電火災。不可單獨使用

標準家用滅火器！適用多數火災類型，但使用後會產生大量髒亂、會腐蝕金屬，且可能有害健康

於歐盟和亞洲稱為 F 類

Ⓐ 類火災　可燃材質（紙、木材）

Ⓑ 類火災　可燃液體（油漆、汽油）

Ⓒ 類火災　可燃氣體（如丁烷和甲烷）

Ⓓ 類火災　可燃金屬

Ⓚ 類火災　熱油（例如油炸鍋）

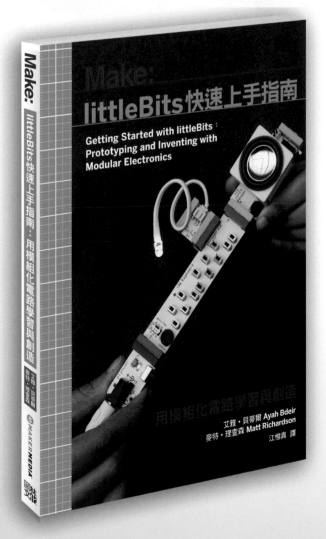
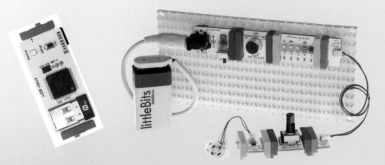

BOLDPORT CLUB
趣味電路套件

30美元／月　Boldport.Club

當你還是新手Maker，總會覺得專題套件是大補丸，但是等到你熟悉硬體，就很難找到能大幅提升技能的套件了。電子專家會怎麼做呢？

Boldport Club是電路設計藝術家薩爾‧德里莫（Saar Drimer）所提供的訂閱會員服務。每個月都有新的焊接挑戰，例如「小工程師大英雄緊急套件」（Tiny Engineer Superhero Emergency Kit）能用來打造能運作的電路，並有著鈕扣式元件的外觀和風格；「代號解謎」（Cordwood puzzles）則要大家想出讓電路運轉的正確佈線。有些專題套件還會做出實用的東西，例如「捲線套件」（Spoolt）完成後，就會是優雅的電路板線盤架。

每個套件都把需要的元件備齊了，無論在線上或線下都有提供詳細的操作指令。會員還可以在Boldport Club商店額外添購套件來滿足自己的偏好，但如果賣完了，就不會再補貨。

——赫普‧斯瓦迪雅

SILHOUETTE MINT
印章製作機

130美元

silhouetteamerica.com

Silhouette Mint讓我們方便快速製作印章，不管你是在經營Makerspace、當老師或做生意，訂做自己的印章都是很實用的技能，我以前用過其他許多方法來製作Hackerspace護照的印章，但是都沒有Silhouette Mint簡單。

這項吃重的工作，全部交給Mint Studio附屬應用程式搞定。首先，從他們提供的空白底框選取印章的尺寸，接著輸入影像。Mint Studio甚至提供濾鏡，讓你把彩色影像切換成黑白。一旦完成設計，把空白底框載入Silhouette Mint，再傳輸圖片，不出幾秒鐘就會完成全新的印章！接下來，你可以為印章增添底座或墨水，加滿墨水的印章大約可以蓋50次，然後再補充墨水。

Silhouette Mint定價130美元，除非你很愛印章，不然會覺得這部機器（和空白底框）不值得這個價格，但我最近發現Amazon網站賣的Silhouette Mint便宜多了，讓我願意一試。雖然這屬於單一用途產品，但是功能好得沒話說。

——麥特‧史特爾茲

TINY CIRCUITS TINY ARCADE
簡易電路自製復古遊戲機檯

60美元
tinycircuit.com

復古遊戲玩家看到會很開心！如果你想要打造復古遊戲機檯，但是時間、金錢或空間都不夠的話，Tiny Circuits 幫你準備快速又簡單的迷你遊戲機檯套件。

這個套件內含打造掌上型遊戲機所需要的材料，例如栩栩如生的OLED螢幕、遙控桿、按鍵、內建音響、可充電電池，最後還有壓克力外殼，組裝起來就像3D拼圖一樣好玩。

每樣材料都有事先焊接好，大約只要10分鐘就可以組裝完成，玩起來也是出奇地實惠和舒服。迷你街機還預載三款遊戲：Tiny Shooter、TinyTris 和 Flappy Birdz。

只要有記憶卡在手，就可以載入更多遊戲和影像，其中一些可以從 Tiny Circuits 網站直接下載，最棒的是 Tiny Circuits 也提供線上指導，教你如何直接用 Arduino IDE 寫出自己的電玩遊戲。

如果你在尋找快速便利（但又要很酷）的套件，Tiny Arcade 對於任何程度的 Maker 來說都是出色的專題，讓人好好享受復古電玩的樂趣。

——珺・雪納

CHIBITRONICS LOVE TO CODE CREATIVE CODING KIT
撰寫創意程式

85美元
chibitronics.com

初階套件大多著重電子元件，但如果對軟硬體都很陌生的人，可能會感到挫敗。Chibitronics善用紙雕故事書，把重點擺在撰寫程式，以美麗的銅貼電路設計取代常見的麵包板，用引人入勝的故事來講授電子學，讓所有年齡的新手Maker都有共鳴。

你可以選擇區塊式的程式碼環境MakeCode，或者針對Arduino之類程式的Chibitronics網路介面。

Chibi Chip微控制器有導熱墊，只要把頁緣夾在銅貼的佈線就會發光，所以很適合青少年Maker，完全不會用到焊接。

——赫普・斯瓦迪雅

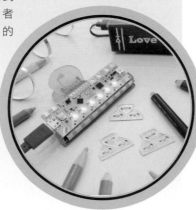

OSKITONE OKAY SYNTH DIY KIT 音效合成器

電子零件50美元，附印刷零件90美元　oskitone.com

Oskitone製作有趣的專題套件，結合DIY電子零件和3D列印，讓大家自己做音效合成器和其他樂器。

OKAY Synth 內建擴大器、喇叭、1/4英寸音訊插孔、6個可選擇的八度音、1個八度音鍵盤（第二版又增加1個八度音鍵盤），你也可以選擇內含3D列印零件的完整版，或者只含電子元件的版本，然後再自行列印外殼。操作指南寫得很清楚，你會在動手做和客製化的過程中學習到電路的知識。你只需要自備烙鐵，就可以做出自己的合成器。

說到客製化，我也建議使用Oskitone絕佳的網路應用程式，你只要連上Oskitone官網build.oskitone.com，就可以依照自己的喜好量身打造專題！全DIY套件最大的優點，就是做出的成品能激發更多創意對吧？

——安德魯・史托特

SHOW & TELL

這些富有創意的作品都來自Maker Share大賽

想看到自己的專題刊登在《MAKE》雜誌上嗎？那就把作品傳到makershare.com/missions/mission-maker

譯：謝明珊

❶ 當**傑佛瑞・伯克（Jeffrey Burke）**接下了「單片合板自製家具」挑戰時，他覺得這是個準備母親節禮物的機會，就決定製作個咖啡桌送給媽媽。這咖啡桌配有容易拿放的前後開放抽屜、平滑的再生木封邊和一堆整理收納的功能，從這就能看出作品裡頭注入了多少感情。makershare.com/projects/coffeetable-mothers-day

❷ 從這組藍牙喇叭的俐落邊線和時尚感的設計，能看出受到路德維希・密斯・凡德羅（Ludwig Mies van der Rohe）現代主義的建築設計影響。**傑佛瑞・伯克**透過此專題學習焊接。而因為製作成本不到50美元，他也完美地達到了以合理預算學習入門木工、接合和電子學的成就。makershare.com/projects/diy-bluetooth-speaker

❸ 基於想輔助學生記住乘法表的初衷，**約哈・德萊業（Jo:ha Dreyer）**希望能直接以面積運算的方式呈現乘法。這想法始自他輔導別人數學的經驗，但等到要幫兒子學習Arduino和Raspberry Pi專題時，就又更加深了這個想法。最初只是製作出一件數學玩具的小工程，最終成了這裝有144顆LED、且能迅速呈現面積的乘法機器。makershare.com/projects/matrix-math-machine

❹ 這是始於需求的故事。**安德烈・費雷拉（Andre Ferreira）**有一間不錯的工作室，但是工具卻四處散落，於是他決定製作工具箱以清理出工作空間。費雷拉找到了合板、又使用回收的抽屜滑軌，所以這專題所花的成本就只有時間了。最後的成品是有著完美外型和個人特色的工具箱。makershare.com/projects/toolbox-reclaimed-materials

[+] 編輯精選專題「RoboRuckus」詳細內容，請見本期60頁！

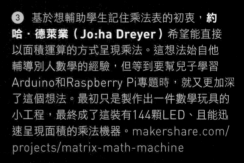